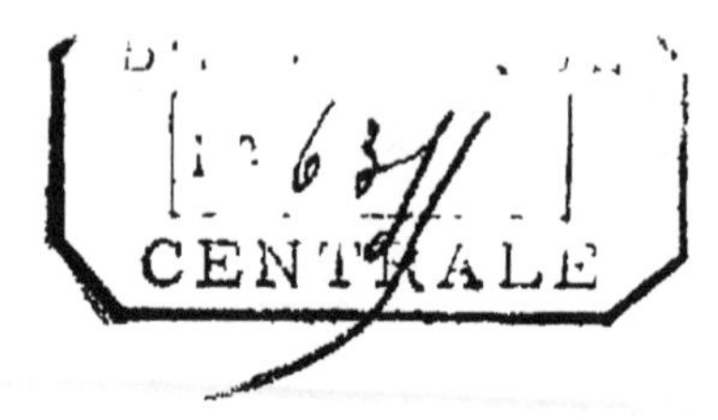

MÉMOIRE

SUR

LA FABRICATION, LE COMMERCE ET L'EMPLOI

DES FERS A ACIER

DU NORD DE L'EUROPE.

PARIS. — IMPRIMERIE DE FAIN ET THUNOT,
Rue Racine, n° 28, près de l'Odéon.

MÉMOIRE

SUR

LA FABRICATION ET LE COMMERCE

DES FERS A ACIER

DANS LE NORD DE L'EUROPE,

ET

SUR LES QUESTIONS SOULEVÉES DEPUIS UN SIÈCLE ET DEMI
PAR L'EMPLOI DE CES FERS
DANS LES ACIÉRIES FRANÇAISES ;

PAR M. F. LE PLAY,

INGÉNIEUR EN CHEF DES MINES,
PROFESSEUR DE MÉTALLURGIE A L'ÉCOLE ROYALE DES MINES.

PARIS.

CARILIAN-GOEURY ET Vor DALMONT,

LIBRAIRES DES CORPS ROYAUX DES PONTS ET CHAUSSÉES ET DES MINES,
Quai des Augustins, 39 et 41.

1846.

NOTE PRÉLIMINAIRE.

Les *aciers naturels* sont produits à peu près comme les fers ordinaires, par un affinage au charbon de bois, au moyen de *fontes à acier* qui proviennent elles-mêmes de minerais d'une nature toute particulière. On fabrique, dans la plupart des groupes de forges de l'Europe, des aciers naturels de qualité inférieure destinés à la consommation locale. Deux centres de production situés l'un en Prusse, sur la droite du Rhin, l'autre dans les provinces autrichiennes des Alpes, jouissent, depuis une époque fort reculée, d'une haute célébrité. Jusqu'au milieu du siècle dernier, les aciéries du Rhin et des Alpes fournissaient seules aux nations commerçantes les qualités supérieures d'acier.

Les *aciers cémentés* proviennent de certains fers forgés, maintenus pendant plusieurs jours, au contact du charbon de bois, sous l'influence d'une haute température, dans de grandes caisses réfractaires hermétiquement closes. Les *fers à acier*, c'est-à-dire, les fers malléables éminemment propres à produire de l'acier par voie de cémentation, doivent, comme les aciers naturels, leurs propriétés caractéristiques aux minerais dont ils proviennent : ils sont également préparés au moyen du charbon de bois, par des méthodes analogues à celles qui produisent le fer ordinaire. Jusqu'à ce jour, les fers à acier de qualité supérieure n'ont été fournis que par certaines forges situées dans le nord de l'Europe et particulièrement en Suède. Le principal groupe d'aciéries de cémentation situé dans le comté de Yorkshire en Angleterre, s'est toujours appliqué, d'une manière spéciale, à élaborer les fers à acier du Nord ; vers le milieu du dernier siècle, il a commencé à lutter sur les marchés neutres avec les aciéries du Rhin et des Alpes ; il est aujourd'hui parvenu au premier rang, aussi bien pour la quantité que pour la qualité des produits.

Les aciers naturels et cémentés ne peuvent guère être employés, dans l'état où ils sortent des feux d'affinerie ou des caisses de cémentation Les grosses barres d'acier naturel sont d'abord étirées en barres minces, au moyen du marteau; celles-ci, réunies en grand nombre dans un seul paquet, sont réchauffées et étirées en barres qui prennent le nom d'*acier une fois corroyé*. Le même travail répété une ou deux fois, produit les aciers *deux fois* et *trois fois corroyés*. Les bons aciers cémentés bruts, incomparablement plus homogènes que les aciers naturels, sont rarement corroyés : on se contente ordinairement de les soumettre à un ou deux étirages successifs, selon la dimension que l'on veut donner aux barres d'acier : dans cet état, on les nomme *aciers cémentés étirés*.

Les aciers les plus purs et les plus homogènes se fabriquent par voie de fusion. Les meilleurs *aciers fondus* se préparent avec certains aciers cémentés, cassés en fragments, et chauffés dans des creusets, à la plus haute température qui se produise dans les arts usuels. L'acier fondu, coulé en lingots, est ensuite étiré en barres, et c'est à cet état seulement qu'il est livré au commerce. Ce sont surtout les aciers fondus fabriqués en Yorkshire avec les fers de Suède, qui ont établi sur tous les marchés neutres la supériorité des *aciers anglais*.

Les aciers naturels sont particulièrement soudables et malléables ; ils conservent très-bien la propriété aciéreuse, malgré l'influence d'une série de chaudes successives. Ils conviennent donc spécialement à tous les usages dans lesquels ces propriétés sont mises en jeu , et ils peuvent être travaillés par les ouvriers les moins exercés. Les aciers cémentés étirés et surtout les aciers fondus, se distinguent par la pureté, l'homogénéité et la dureté ; élaborés par des ouvriers habiles, ils fournissent aux arts qui servent de base à la civilisation moderne, des moyens d'action supérieurs à ceux qu'on peut peut tirer des aciers naturels et de tous les produits connus jusqu'à ce jour.

. . . . .

Les pays qui disposent des *minerais d'acier* s'en réservent ordinairement l'élaboration : il serait d'ailleurs peu rationnel que les nations commerçantes recherchassent une matière première qui ne rend guère que 40 pour 100 de produit utile. Les *fontes à acier,* qui ne donnent que 75 pour 100 d'acier brut, doivent également, dans une bonne distribution du travail, être affinées sur place. Il en est tout autrement des *fers à acier*, puisque ceux-ci rendent poids pour poids d'acier cémenté : la propriété aciéreuse y étant concentrée dans le moindre poids de matière, le transport de celle-ci, depuis le lieu de production jusqu'à l'aciérie , n'entraîne aucun travail improductif. Le fer à acier est donc la matière première par excellence de toutes les contrées industrielles qui ne trouvent point le minerai d'acier dans leur propre sol. Cette idée simple et féconde , appliquée depuis deux siècles avec une admirable persévérance, a porté au premier rang les aciéries du Yorkshire : elle a, en outre, puissamment contribué à fonder, durant cet intervalle, la suprématie industrielle et commerciale de la Grande-Bretagne.

Les questions traitées dans ce mémoire ne concernent point les aciers naturels ; elles se rapportent exclusivement aux fers à acier et par suite à la fabrication des aciers cémentés et des aciers fondus.

PRIX DES 100 KILOGRAMMES D'ACIER, *sur le lieu de production, en barres carrées de 5 à 6 seizièmes de pouce anglais. (Section transversale de 64 à 92 millimètres carrés.)*

ACIERS ÉTRANGERS.

	fr.		fr.
Aciers naturels des Alpes une fois corroyés (fers qualités supérieures)	55	à	60
Aciers cémentés fondus anglais (fers de Danemora de premier rang)	170	à	190
Idem... (fers du Nord de troisième rang)	120	à	130
Aciers cémentés étirés anglais (fers de Danemora de premier et de deuxième rang)	80	à	115
Idem... (fers du Nord de quatrième rang)	55	à	60
Aciers cémentés étirés suédois : à bord des navires (fers suédois de quatrième et de cinquième rang)	34	à	38

ACIERS FRANÇAIS.

Aciers naturels de l'Isère une fois corroyés	83
Aciers fondus (fers du Nord de deuxième et de troisième rang)	230
Aciers cémentés étirés (fers des Pyrénées de cinquième rang)	80

(Voir, pour plus de détails, le Mémoire sur la fabrication de l'acier en Yorkshire, *Ann. des mines*, 4e série, tom. III, pages 583, 693, etc.)

MÉMOIRE

SUR

LA FABRICATION, LE COMMERCE ET L'EMPLOI

DES FERS A ACIER

DU NORD DE L'EUROPE.

INTRODUCTION.

Exposé des questions à traiter.

Dans un mémoire publié il y a trois années (1), à la suite d'une série d'études sur les aciéries de France, d'Allemagne et de Grande-Bretagne, je me suis attaché à mettre en lumière un ensemble de faits qui n'avaient pas encore été rapprochés l'un de l'autre, et qui, pris isolément, étaient peu connus pour la plupart en dehors des ateliers où ils peuvent être observés et où depuis longtemps on sait en tirer profit. Ce travail avait pour objet de décrire les méthodes suivies dans le Yorkshire pour la fabrication de ces aciers célèbres, matière première d'une des plus grandes industries de la Grande-Bretagne, et qui, élaborés sous mille formes, entretiennent un important commerce avec les pays étrangers.

J'ai conclu des faits observés dans le Yorkshire

---

(1) Mémoire sur la fabrication de l'acier en Yorkshire, et comparaison des principaux groupes d'aciéries européennes (*Ann. des mines*, 4e série, tome III, p. 583).

que l'industrie des aciers, esssentiellement fondée sur l'élaboration des fers suédois, avait, comme plusieurs autres industries de premier rang, ses racines hors du sol britannique. J'ai fait remarquer que l'infériorité flagrante des aciéries françaises tenait uniquement à ce que celles-ci, mal informées sur les causes de la supériorité des produits anglais, s'étaient appliquées jusqu'ici à élaborer des matières de qualité inférieure provenant de minerais indigènes; que pour remédier à cet état de choses il suffisait de les placer dans les mêmes conditions que les aciéries anglaises. J'ai conseillé, en conséquence, d'admettre en franchise de droits les fers spécialement destinés à la fabrication des aciers de cémentation.

Ces vues ont attiré l'attention des assemblées législatives ; pendant la dernière session cette question a été traitée successivement par M. Victor Lanjuinais devant la chambre des députés; par M. le lieutenant général Despans-Cubières devant la chambre des pairs. C'est l'une des trois questions sur lesquelles le gouvernement a appelé récemment les délibérations des conseils généraux de l'agriculture, des manufactures et du commerce.

Les adversaires du principe de la libre admission des fers à acier ont généralement fait abstraction du fait principal sur lequel était basée ma proposition; plusieurs d'entre eux ont émis, en ce qui concerne la fabrication, les propriétés et le commerce des fers à acier du nord de l'Europe, des assertions inexactes; tous enfin ont traité la question comme si elle s'agitait en France pour la première fois, et ont tiré de cette prétendue nouveauté de la question, un argument en faveur de la prolongation du régime imposé pour la première fois aux aciéries indigènes, par la loi de douane du 21 décembre 1814.

En pareille matière, les erreurs et les exagérations n'ont rien qui doive étonner : il importe que les intérêts qui croient devoir repousser la réforme du tarif usent largement du droit de défense ; et il est naturel que les personnes chargées de cette mission ne se préoccupent pas uniquement de rechercher la vérité. Bien que ces adversaires de la réforme aient souvent fait allusion à l'opinion que j'ai émise, je n'ai pas cru jusqu'ici devoir intervenir dans la discussion : je n'ai point l'espoir de les convaincre, et je ne pense pas qu'il m'appartienne de les réfuter. Cette réserve m'a semblé d'autant plus convenable que les personnes qui ont mission de diriger ces débats et de défendre l'intérêt public pouvaient au besoin disposer des résultats de mes études spéciales. Je me serais donc complétement abstenu si l'on n'était venu récemment combattre, au nom de la science, les conclusions de mon Mémoire, et donner le change à l'opinion publique. Il me paraît dès lors utile d'éclairer les personnes qui seront appelées à trancher la question ; à cet effet, je m'attacherai surtout à rétablir les faits qui ont été dénaturés en ce qui concerne, d'une part la fabrication des fers à acier, de l'autre l'histoire des aciéries françaises.

Plan et division du mémoire.

Dans un premier paragraphe, je décrirai sommairement l'état actuel de la fabrication et du commerce des fers à acier dans le Nord de l'Europe : les faits que j'exposerai sont le résultat de deux missions que j'ai remplies, depuis la publication de mon premier mémoire, dans les principaux groupes de forges de la Sibérie, du versant européen des monts Ourals, de la Suède et de la Norwége.

Les discussions que soulèvent journellement les grands intérêts industriels du pays, sont trop souvent dominées par la pensée que les questions en litige, posées pour la première fois à l'époque actuelle, sont restées inconnues des générations précédentes. Cette préoccupation, conséquence naturelle des événements de la révolution et de l'empire, offre un grave inconvénient, car elle écarte des débats les autorités les plus respectables et les plus sûres, celles que donnent l'expérience et la tradition. Pour y remédier, en cette circonstance, autant qu'il dépend de moi, je présenterai dans un second paragraphe un résumé de mes études sur l'histoire des aciéries françaises et notamment des aciéries de cémentation.

Enfin, en me fondant sur les observations qui me sont propres et sur l'expérience des deux derniers siècles, je prouverai dans un dernier paragraphe que les motifs récemment allégués contre la réforme du tarif reposent sur une science erronée et ignorante des faits.

§ Ier. De la fabrication et du commerce des fers à acier dans le nord de l'Europe.

Définition des fers à acier.

Tout fer forgé, élaboré d'une manière convenable, peut être converti en acier, c'est-à-dire en un produit qui, chauffé au rouge, puis refroidi brusquement, devient notablement plus dur que si on l'eût laissé lentement refroidir. En ce sens, on peut dire qu'il n'y a pas de contrées qui, privées des ressources que fournit le commerce étranger et soumises à des nécessités exceptionnelles, ne puissent convertir tous leurs fers en acier. Mais aujourd'hui en Europe, dans les conditions d'une libre concurrence avec les pays étrangers, il n'y a qu'un nombre assez limité de forges dont les produits puissent être utilement soumis à cette élaboration. Ces fers, doués de qualités toutes spéciales, me paraissent devoir être distingués de tous les autres, et c'est pour les désigner que j'ai proposé d'introduire en métallurgie la dénomination de *fer à acier*.

Pour dissiper, autant qu'il dépend de moi, la confusion introduite dans les points fondamentaux de la question qui préoccupe l'attention publique, je définirai d'abord les propriétés caractéristiques des fers à acier : dans cette même vue, je rendrai ma définition indépendante de toute considération théorique, et lui donnerai exclusivement pour base certains phénomènes physiques dont la connaissance est vulgaire.

1re propriété. *corps* ou *propension aciéreuse*.

La propriété essentielle des fers à acier est celle que les artistes du Yorkshire désignent substantivement par le mot *body*, et qu'à un point de vue général, j'ai proposé de nommer *propension aciéreuse*. Au point de vue spécial de la fabrication de l'acier, on peut très-convenablement conserver l'expression anglaise, et dire que le fer qui a le plus de *corps* (1) est celui qui possède le mieux

---

(1) Des distinctions analogues devront être établies dans toutes les subdivisions de la métallurgie du fer : tous les ouvriers dont le travail est essentiellement basé sur l'une des propriétés éminentes du fer savent apprecier avec un tact parfait, dans le metal qu'ils élaborent, la qualité qui convient à leur industrie. Presque toujours ils la désignent par une expression qui, dans toutes les langues, équivaut au mot *corps*, mais qui s'applique, dans les diverses industries, à des proprietés physiques fort différentes. Lorsque j'emploierai la même expression

la qualité qu'il s'agit ici de qualifier. Celle-ci est développée au plus haut degré dans le fer, lorsque les produits d'acier fabriqués avec ce métal possèdent eux-mêmes au degré le plus éminent les propriétés utiles de l'acier. En d'autres termes, le fer qui, sous ce rapport, doit être classé au premier rang, est celui qui, converti en acier brut de cémentation, retient le mieux la qualité aciéreuse dans les chaudes

---

dans le cours de ce mémoire, je le ferai toujours exclusivement, dans le même sens que les ouvriers qui convertissent le fer en acier.

Toutes les fois qu'on voudra traiter des questions qui dépendent de certaines propriétés physiques des fers, sans établir préalablement les définitions et les distinctions dont je signale ici la convenance, on tombera nécessairement dans une confusion inextricable. Le contraste qui a existé jusqu'à ce jour entre l'insuffisance de la théorie et l'extrême perfection d'une multitude de moyens pratiques de la métallurgie du fer, me paraît dépendre en partie de ce qu'on s'est trop habitué à regarder comme identiques des produits que distinguent réellement des nuances extrêmement prononcées. La nature du principe dominant établit sans doute, entre tous les fers, des motifs de rapprochement qu'on ne peut méconnaître; mais il n'en est pas moins vrai que les différences qui existent dans la qualité des fers de diverses origines, sont précisément le point de départ d'une multitude d'industries. De mémorables recherches appliquées aux faits usuels constatés par la métallurgie ont déjà prouvé que les plus légères modifications dans la nature physique et chimique de certains métaux suffisent pour en changer essentiellement les propriétés; dans cette voie, par exemple, la métallurgie du fer est fort redevable aux travaux de Monge, Berthollet et Vandermonde, de M. Karsten, etc. C'est ainsi qu'ils ont parfaitement constaté qu'un millième de carbone combiné avec certains fers produit un nouveau corps, l'acier, lequel, à beaucoup d'égards, diffère plus de ces mêmes fers que ceux-ci ne diffèrent, par exemple, du zinc et du cuivre. Mais ces illustres savants n'ont abordé dans leurs études que les faits les plus généraux;

successives qu'on lui fait subir pour l'affiner et le façonner ; qui, ouvré sous forme d'outils ou d'objets polis, l'emporte sur tous les autres par sa dureté, son éclat, la vivacité de son tranchant, etc. La propension aciéreuse est essentiellement distincte des qualités qui caractérisent usuellement les meilleurs fers, notamment de celles qui, dési-

---

ainsi que je l'indiquais dans mon premier mémoire (*Ann. des Min.*, 2e serie, tom. III, p. 603), la plupart des faits qui composeront un jour le domaine de la science ne sont connus jusqu'à présent, que des ouvriers qui depuis des siècles s'en transmettent la tradition. Ici, comme pour toutes les lacunes qui existent dans les sciences physiques, c'est l'observation qui a fait défaut. La métallurgie théorique et les sciences qui s'y rattachent seraient plus avancées qu'elles ne le sont aujourd'hui, si, comme pour la geologie, la minéralogie, la physique, la chimie, la zoologie, la botanique, etc., l'observateur pouvait directement étudier la nature ou reproduire à volonté les faits dans son cabinet. Le métallurgiste, pour observer les faits, se trouve né essairement dans la dépendance des personnes qui en disposent : ici l'amour de la science ne suffit pas toujours pour surmonter les obstacles qu'entraînent l'eloignement des ateliers, la diversité des langues, les depenses considérables imposées par ce genre d'observations, la volonté ou l'intérêt des exploitants ; le plus grand obstacle réside surtout dans la difficulté des communications intellectuelles avec les ouvriers, lesquels, à mon avis, conservent partout le dépôt de connaissances où les sciences devront puiser leurs moyens de progrés.

Quoi qu'il en soit des causes qui ont retardé jusqu'à ce jour le progrès de la théorie des fers, l'insuffisance de celle-ci est un fait qu'il importe de constater, afin de mettre en garde, contre les assertions d'une fausse science, les personnes qui auront à juger la question des fers à acier. Pour faire cesser la confusion qu'on a introduite dans le débat soulevé à cette occasion, il suffit d'en écarter toutes les assertions qui ne peuvent immédiatement s'appuyer sur l'expérience ou sur la raison.

gnées sous les noms de ténacité, de malléabilité, de ductilité, de douceur, etc., sont particulièrement recherchées dans la fabrication des fils de fer, des tôles fines, des chaînes pour les vaisseaux, des canons de fusil, des fers et clous servant au ferrage des animaux de bât et de trait, des harpons servant à la pêche de la baleine, et de nombreuses pièces faisant partie du matériel des arsenaux militaires et des fabriques de machines. Les qualités qui conviennent pour ces emplois sont rarement développées dans les fers au degré le plus éminent : j'ai cependant observé de tels fers dans un certain nombre de forges de Biscaye, du Berri, du Nivernais, de Bourgogne, de Franche-Comté, des Vosges, du Luxembourg et du Hainaut (Belgique), des provinces rhénanes, du Lancashire, du Yorkshire et du Staffordshire (Angleterre), de la province d'Orebro (Suède), de la province de Perm (Russie). Il me paraît donc vrai de dire que les hautes qualités qui se rattachent à l'emploi immédiat du fer, sont moins rares que celles qui se développent lors de sa conversion en acier. Mais le fait essentiel et sur lequel j'insiste, est que ce premier groupe de qualités n'entraîne nullement comme conséquence la propriété aciéreuse. Les innombrables expériences faites depuis deux siècles en Angleterre, en France, en Allemagne et en Suède, ont constamment démontré qu'en soumettant à la cémentation les fers que je viens d'énumérer, on obtient des produits essentiellement inférieurs à ceux que donnent les fers à acier proprement dits. Si, par exemple, opérant simultanément, avec les mêmes ouvriers et les mêmes combustibles, sur les fers d'Europe les plus célèbres par leur ténacité, et sur les fers à acier de Danemora (Suède), de manière à les convertir successivement en aciers cémentés, fondus, ressués, étirés en verges fines, puis enfin en outils délicats, tels que limes d'horloger, burins, etc., on trouvera que l'outil provenant du fer suédois entamera tous les autres avec une extrême facilité. Cet exemple ne signale pas, tant s'en faut, tous les genres de supériorité qui dépendent de la propension aciéreuse; mais il suffit pour caractériser nettement cette propriété.

Les premières marques de fer à acier sont tellement recherchées pour la cémentation, qu'elles n'ont jamais été employées en grand pour aucun des usages immédiats que j'ai rappelés précédemment; on ignore donc la valeur relative qui, pour chaque destination, leur serait attribuée dans un classement général des fers. Beaucoup de faits, dans le détail desquels il serait superflu d'entrer ici, me donnent lieu de penser que leur supériorité ne se soutiendrait pas au même degré pour tous les usages; j'ai lieu de croire, par exemple, que les meilleurs fers à acier ne se prêtent pas au travail de la tréfilerie aussi bien que certains fers des provinces rhénanes et de la Franche-Comté. Il n'est pas douteux toutefois que les fers à acier, convenablement préparés, ne possèdent aussi à un degré très-éminent toutes les qualités qui dépendent de la ténacité et de la malléabilité. Toute compensation faite, c'est dans les meilleurs fers à acier de la Suède qu'il faut chercher, selon toute vraisemblance, le type le plus parfait du fer forgé.

2e propriété : *pureté aciéreuse.*

La deuxième propriété essentielle est celle que désignent les fabricants de Yorkshire en disant que le fer est *sound*. Cette expression rend parfaitement la pensée d'ouvriers voués à ce genre spécial de travail, et on peut très-bien, suivant les cas, lui donner pour équivalents les expressions de *pureté* ou de *pureté aciéreuse*. Les fers qui, sous ce rapport, se classent au premier rang, sont ceux qui offrent les caractères suivants : au sortir des caisses de cémentation, les barres conservent à peu près la forme du fer forgé; elles offrent ordinairement une surface assez égale; tout au plus sont-elles couvertes de petites ampoules disséminées à peu près uniformément. Les mêmes barres, soumises à l'étirage, puis trempées à chaud, ne laissent voir sur leur nouvelle surface ni fissure ni défaut de continuité; cassées enfin transversalement, elles offrent une couleur claire, et surtout une texture uniforme, exempte de ces taches et de ces fissures que les ouvriers en acier désignent généralement sous les noms de *criques*, de *pailles*, de *cendrures*, etc. Les fers les plus dénués de pureté aciéreuse offrent, dans les mêmes conditions, des caractères opposés. Les barres d'acier brut ont perdu leur forme primitive; elles sont pénétrées de fissures qui se prolongent souvent dans toute leur épaisseur; il s'y produit çà et là des ampoules de dimensions inégales et parfois très-considérables; j'ai recueilli de telles ampoules qui, pour des barres ayant 14 centimètres carrés de section transversale, atteignaient un volume de 300 centimètres cubes. Les mêmes barres, étirées et trempées, offrent à leur surface une multitude de fissures; enfin, dans toutes les cassures transversales, elles se montrent littéralement criblées de pailles, de cendrures et de criques : ces défauts sont parfois poussés au point que pendant l'étirage certaines parties de la barre se divisent comme le feraient les éléments mal réunis d'une corde.

Ces défauts, lorsqu'ils ne sont pas trop prononcés, sont compatibles avec la production des objets communs, mais ils rendent l'acier absolument impropre à la fabrication de la plupart des objets de coutellerie, des outils fins, etc.

Indépendance mutuelle et influence propre des 2 propriétés

Cette seconde qualité n'est pas liée nécessairement à la propension aciéreuse : loin de là, il arrive très-souvent que la pureté est développée au maximum dans certains fers qui ont une très-faible propension aciéreuse, et réciproquement. La plupart des excellents fers d'emploi immédiat qui se préparent dans le sud-ouest de l'Europe, et qui sont à peu près dépourvus de la propension aciéreuse, se classeraient, eu égard à leur pureté, au-dessus de beaucoup de fers à acier justement estimés. C'est cette propriété, plus facile à apprécier que la propension aciéreuse, qui dans nombre d'expériences comparatives mal conçues et peu suivies, faites avec différents fers de l'Europe, a presque toujours conduit à attribuer l'infériorité aux fers du Nord.

La pureté aciéreuse exerce une énorme influence sur l'économie de la fabrication, et il est aisé de comprendre pourquoi les fabricants y attachent une si grande importance. Les pailles et les cendrures qui altèrent la pâte des aciers provenant de fers impurs ne se décèlent souvent que lorsque l'objet a reçu la dernière façon, la taille ou le poli : l'ouvrier ne reconnaît donc en général la convenance de mettre l'objet au rebut que lorsqu'il y a appliqué en pure perte presque tous les frais qu'exige la fabrication. Deux fers qui possèdent au même degré la propension aciéreuse donnent des produits d'égale qualité et de même valeur marchande; seulement, pour chaque sorte de fer, la quantité de produits marchands obtenue d'un même poids de matière et par une même quantité de travail, diminue avec la pureté du métal; toutes autres choses égales, la somme des frais de fabrication afférente à une quantité donnée de produits marchands est d'autant plus grande que le fer élaboré est moins pur. On conçoit donc aisément qu'à égalité de propension aciéreuse, la valeur marchande des fers à acier doive être en raison de leur pureté.

L'importance qu'il faut justement attribuer à la pureté des fers est souvent exagérée par les fabricants, et c'est un écueil contre lequel sont venues échouer nombre d'aciéries de cémentation. Cette tendance est d'autant plus naturelle, que les inconvénients du défaut de pureté retombent immédiatement sur le fabricant, tandis que ceux qui dépendent du défaut de *corps* ne nuisent d'abord qu'à l'acheteur confiant dans l'ancienne qualité du produit. La haute réputation de certaines aciéries du Yorkshire tient essentiellement à l'intelligence et à la probité héréditaires avec lesquelles on y a persévéré à employer les marques essentiellement douées de corps, nonobstant certains défauts de pureté et les charges qui en résultent pour le fabricant.

Un ensemble de faits qui ne sauraient trouver ici leur place me conduit à penser que dans l'état actuel de l'art et avec les minerais connus jusqu'à ce jour, la pureté et la propension aciéreuse sont, au delà de certaines limites, des qualités incompatibles. Les meilleurs fers à acier du Nord sont ceux qui réunissent le maximum de propension aciéreuse à un très-haut degré de pureté; mais cette dernière propriété semble y être moins développée qu'elle ne l'est dans certains fers d'un ordre inférieur.

La profonde influence exercée sur les aciéries de cémentation par la découverte de la fabrication économique de l'acier fondu (1), tient surtout à ce que ce nouvel art a neutralisé les inconvénients résultant du défaut de pureté, tout en rendant plus prononcées, et si l'on peut s'exprimer ainsi, plus exquises les qualités qui dépendent de la propension aciéreuse. C'est de cette époque que date surtout, pour certains fers de Suède, une réputation qu'aucune concurrence n'a pu ébranler, et qui s'accroît chaque jour dans la même mesure que les perfectionnements introduits dans la préparation de l'acier fondu.

En résumé, les deux propriétés essentielles des fers à acier correspondent à deux avantages très-marqués : la pureté aciéreuse entraîne surtout une fabrication économique; à la propension aciéreuse correspond essentiellement la haute valeur des produits.

Constance des propriétés caractéristiques.

On ne donnerait qu'une idée imparfaite de la haute valeur des fers à acier du Nord, en disant qu'ils possèdent ces deux qualités à un degré plus éminent que les autres fers de l'Europe : il est essentiel d'ajouter que tous les fers d'une même marque présentent généralement, avec une très-grande constance et toujours au même degré, les caractères qui lui sont propres. C'est dans cette constance des mêmes caractères que réside, sans aucun doute, l'une des principales causes du succès des aciéries du Yorkshire : chaque marque de fer,

(1) Mém. déjà cité, *Ann. des mines*, 4e s., t. III, p. 636.

toujours soumise dans les mêmes conditions à la cémentation, à la fusion, à l'étirage, à l'élaboration spéciale qui fait l'objet de l'industrie, et enfin à la trempe, suivant les procédés qu'une longue expérience a fait connaître, donne, en définitive, des produits toujours identiques et offrant toute la qualité que comporte la nature du fer élaboré. De là, dans les manipulations successives, une précision et une rapidité d'allures qui dépassent tout ce qu'on voit ailleurs, et qui ne sont, en dernière analyse, que la conséquence des propriétés de la matière première. Cette constance des caractères appartient surtout aux meilleures marques; indépendamment de la qualité propre à chaque barre, elle contribue singulièrement à faire rechercher ces marques par les fabricants d'acier.

Types nombreux résultant de la combinaison de ces diverses propriétés.

Le développement plus ou moins prononcé de ces propriétés, combiné avec diverses nuances secondaires que les ouvriers seuls ont su apprécier jusqu'à ce jour, détermine, dans la série des fers à acier, beaucoup de types particuliers. Chacun de ceux-ci est spécialement recherché par toutes les industries qui exploitent dans l'acier une certaine classe de propriétés physiques et métallurgiques. Ainsi toutes les marques de 1er rang et plusieurs marques de 2e, 3e et 4e rang (voir p. 30) sont particulièrement propres à la fabrication des aciers fondus; parmi ces derniers, on distingue en outre les sortes qui conviennent le mieux pour les divers objets tranchants, les limes, les scies, les faux, les tôles, les fils, etc. On classe également en catégories distinctes les marques qui, après la cémentation, réclament préalablement le laminage, l'étirage ou le corroyage; et dans chacune de ces catégories, on recherche encore les qualités qui conviennent spécialement à chaque emploi. La masse de connaissances pratiques qui permet aujourd'hui de choisir à coup sûr la matière première de chaque fabrication est sans contredit le plus précieux enseignement que le Yorkshire puisse présenter au monde industriel.

Commune mesure et classement des fers à acier

Cette définition de propriétés essentiellement variables d'un fer à l'autre, serait encore incomplète, si l'on ne parvenait, à l'aide d'une commune mesure, à établir un classement méthodique entre les différentes marques. Ce classement serait impossible si on prenait seulement pour point de départ, comme je dus le faire au début de mes études, les opinions particulières des personnes qui produisent ou qui élaborent les fers à acier. Je reconnus bientôt que chaque fabricant est disposé à s'exagérer l'importance et la perfection du genre de fabrication qui lui est propre, et qu'on s'expose infailliblement à de grandes erreurs en basant des jugements sur de telles informations. Je constatai également qu'il n'existe aucun moyen sûr d'apprécier, même par une série d'expériences directes, la valeur réelle de la plupart des aciers bruts et ouvrés; chaque jour j'acquiers de plus en plus la conviction que des épreuves de ce genre serviront toujours au besoin à confirmer une opinion arrêtee à l'avance, et qu'il n'en peut résulter que des erreurs et des déceptions.

La seule mesure qui puisse servir de base à un classement sérieux est la valeur commerciale, aussi bien pour les matières premières que pour les produits. En ce qui concerne les fers à acier, le marché de Sheffield, où tous les fers du Nord arrivent en grandes masses, me semble offrir des moyens de classement qui ne se retrouvent certainement, avec la même précision, pour aucune autre matière, dans aucun autre groupe métallurgique. Une expérience de deux siècles, poursuivie sous l'influence de la plus active concurrence, y a mis en évidence toutes les qualités utiles des différents fers; toutes les causes d'erreur qui tiennent à l'impossibilité d'apprécier directement la valeur intrinsèque réelle des fers et aciers, ont cédé progressivement à l'expérience prolongée des consommateurs; celles qui tiennent aux préjugés des acheteurs, aux préventions et à l'intérêt particulier des fabricants, se sont naturellement neutralisées. Toutes ces causes de perturbation écartées sous la puissante influence du temps et de l'expérience, il ne doit rester aujourd'hui, dans le prix courant des fers à acier employés en Yorkshire, que les éléments qui tiennent essentiellement à la valeur réelle de ces fers.

La justesse de ce principe, que j'avais déjà adopté dans la publication que j'ai faite en 1843, a d'ailleurs été soumise par moi, depuis trois ans, à une vérification remarquable. A l'époque où je publiai ce premier travail, je n'avais point encore visité les forges du Nord; d'un autre côté, les opérations commerciales du Yorkshire sont conduites avec une réserve encore plus grande que celle qui règne généralement dans les autres groupes métallurgiques d'Angleterre, et l'on n'y peut trouver, par exemple, aucune liste de prix courants des fers à acier, même pour les principales marques. Je n'ai donc pu former une telle liste qu'à la suite de longues recherches de détail, qui m'ont fait connaître les prix payés dans les diverses aciéries pour les diverses marques qu'on y emploie, puis le nom des forges où ces marques se fabriquent, et celui de la province où elles sont situées. La liste que je dressai alors ne m'avait indiqué aucune loi simple, parce qu'elle semblait rapprocher des établissements situés dans des localités très-différentes. Les études que je viens de terminer ont mis au contraire cette loi en évidence, et m'ont prouvé que le mode de classement adopté m'avait conduit en général à rapprocher les forges qui se trouvent dans des conditions semblables, c'est-à-dire celles qui tirent leurs minerais des mêmes gîtes minéraux.

Je constate donc que les personnes qui auront à juger la question de la libre entrée des fers du Nord, et qui ne voudront pas se laisser égarer par les assertions erronées que peuvent suggérer les préjugés, les préventions et les intérêts, devront prendre pour point de départ de leurs études la valeur commerciale des fers à acier.

Le classement des fers à acier d'après leur valeur commerciale, jette une si vive lumière sur toutes les questions qui se rattachent à ces fers, que pour décrire sommairement la fabrication et le commerce des fers du Nord, je ne puis mieux faire que de reproduire, avec les développements dus à de nouvelles études, le tableau que je publiai en 1843. Je m'attacherai d'abord aux forges de Suède et de Norwége, qui forment de beaucoup le groupe le plus important. J'indiquerai en regard de chaque forge le prix actuel du fer sur le marché de Sheffield, la quantité annuellement fabriquée, le nom du port d'expédition, et enfin le nom des mines d'où chaque forge tire le minerai.

TABLEAU des principales forges suédoises et norwégiennes qui produisent les fers à acier destinés à l'exportation.

NOMS DES FORGES.	NOMS des provinces.	NOMBRE DES FEUX d'affinerie.	PRODUCTION annuelle.	PRIX à Sheffield de la tonne.	PRIX à Sheffield du quint. mét.	NOM du port d'embarquement.	NOMS DES MINES qui alimentent les forges.
			q. m.	liv. s.	fr.		
Lofsta.	Upsala.	6	6.121	35 00	86,81	Stockholm.	Danemora.
Carlholm.	*Idem.*	2	2 040	35 00	86,81	*Id.*	*Id.*
Gimo.	*Idem.*	2	2.040	32 00	79,37	*Id.*	*Id.*
Rånas.	Stockholm.	2	2.040	32 00	79,37	*Id.*	*Id.*
Österby.	Upsala.	4	3.536	30 00	74,41	*Id.*	*Id.*
Strombacka.	Gefleborg.	3	1.904	30 00	74,41	*Id.*	*Id.*
Stromsberg.	Upsala.	2	2.244	29 00	71,93	*Id.*	*Id.*
Ullforss.	*Idem.*	2	1.972	29 00	71,93	*Id.*	*Id.*
Forssmark.	Stockholm	4	3.910	29 00	71,93	*Id.*	*Id.*
Gysinge.	Gefleborg.	4	5.077	28 00	69,45	Gefle.	*Id.*
Wattholma.	Upsola	2	1.904	24 00	59,60	Stockholm.	*Id.*
Harg.	Stockholm	4	4.080	22 00	54,56	*Id.* -	*Id.*
Skebo.	*Idem.*	3	1.128	21 00	52,12	*Id.*	*Id.*
Söderforss.	Upsala.	3	3.323	20 05	50,23	Gefle. Stockholm.	*Id.*
Elfkarleö.	*Idem.*	4	2.503	20 05	50,23	Stockholm.	*Id.*
Svabenswerk.	Gefleborg.	5	3.060	17 05	42,78	Soderhamn. Stockholm.	*Id.*
Avesta.	Kopparberg.	3	1.469	16 00	39,68	Götheborg.	Vindtjern avec Sjögrufvan.
Svartnas.	*Idem.*	6	3.733	16 00	39,68	Gefle. Stockholm.	*Id.*
Korsså.	*Idem.*	6	4.284	16 00	39,68	Gefle.	*Id.*
Åmot.	Gefleborg.	1	2 856	16 00	39,68	Gefle. Stockholm.	Vindtjern avec Sjogrufvan et Sverdsjosocken.
Catherineberg.	*Idem.*	2	680	16 00	39,68	Gefle. Stockholm.	*Id.*
			19.074				
Backaforss	Elfsborg.	6	4.896	18 10	45,88	Uddevalla. Gotheborg.	Porsberg.
Lesjoforss.	Wermland.	3	2.638	18 10	45,88	Gotheborg.	Persberg avec Langban.
Liljendal.	*Idem.*	6	4.407	17 15	44,02	*Id.*	Persberg avec Langban et Ramsberg.
Malforss.	West. Norrland.	6	4.080	17 15	44,02	Sundsvall. Stockholm.	*Id.* *id.* et divers.
Lennartsforss.	Wermland.	3	2.720	17 05	42,78	Gotheborg	*Id.* et divers.
Christinedal.	Elfsborg.	2	1.224	16 13	41,29	*Id.*	*Id.* *id.*
Borgvik.	Wermland.	4	3 014	16 13	41,29	*Id.*	*Id.* *id.*
Storforss	*Idem.*	8	5 304	16 05	40,30	*Id.*	*Id.* *id.*
Bjurback	*Idem.*	3	2.300	16 05	40,30	*Id.*	*Id.* *id.*
Oxnas.	Elfsborg.	4	2.720	15 15	39,06	*Id.*	*Id.* *id.*
			33.203				

TABLEAU des principales forges suédoises et norwégiennes qui produisent les fers à acier destinés à l'exportation (SUITE.)

NOMS DES FORGES.	NOMS des provinces.	NOMBRE DES FEUX d'affinerie.	PRO-DUCTION annuelle	PRIX à Sheffield de la tonne.	PRIX à Sheffield du quint. mét.	NOM du port d'embarquement.	NOMS DES MINES qui alimentent les forges.
			q. m.	liv. s.	fr.		
Næs et Westre-Roé.	. . . .	4	6 801	18 10	46,50	OsterRisoer	Mine de Solberg et autres (groupe d'Arendal).
Laurwig.	. . . .	3	4.080	18 10	46,50	Laurwig.	Div. Mines du groupe d'Arendal.
			10.881				
Uddeholm.							
Stjernforss.							
Gustafsfors.							
Loviseberg.							
Fbskeforss.		10	8.161	17 15	44,02	Gotheborg.	Langban avec Taberg et Nordmark.
Munkforss.	Wermland. . .	10	8.161	16 15	42,78	*Id.*	*Id.* *id*
Upranå.							
Halgå			16.322				
Warå.							
Lykanå	*Idem.*	[illegible]	2.052	16 00	39,68	*Id.*	*Id.*
Ericsforss.	*Idem.*	3	2.040	16 00	39,68	*Id.*	*Id.*
			5.916				
Melderstein.	Norrbotten.	4	1.088	16 00	39,68	Luleå. Stockholm.	Gellivara (Laponie).
Toreåforss.	*Idem.*	2	1.224	16 00	39,68	*Id.*	*Id.*
			2.312				
Thurbo.	Kopparberg.	2	1.260	15 15	39,06	Stockholm.	Bisberg.
Wikmanshyttan	*Idem.*	2	680	15 15	39,06	*Id.*	*Id.*
Nornsberg.	*Idem.*	3	2 040	15 15	39,06	*Id.*	*Id.*
Hammarberg.	Gefleborg.	4	3.295	15 15	39,06	Gefle. Stockholm.	*Id.*
Rissbyttan.	Kopparberg.	2	1.143	15 10	38,44	*Id* *id.*	*Id.* avec divers.
Tollforss.	Gefleborg.	4	3 264	15 10	38,44	Gefle.	*Id.*
Mackmyra.	*Idem.*	2	1 632	15 05	37,82	*Id*	*Id.*
Hoforss.	*Idem.*	2	1.632	15 05	37,82	Gefle. Stockholm.	*Id.*
Robertsholm	*Idem.*	2	1.632	15 05	37,82	*Id.* *id.*	*Id.*
Stjernsund.	Kopparberg.	3	2.448	15 05	37,82	*Id.* *id.*	*Id.*
Rorshyttan.	*Idem.*	2	1.232	15 05	37,82	Stockholm.	*Id*

TABLEAU des principales forges suédoises et norwégiennes qui produisent les fers à acier destinés à l'exportation. (SUITE.)

NOMS DES FORGES.	NOMS des provinces.	NOMBRE DES FEUX d'affinerie.	PRODUCTION annuelle.	PRIX à Sheffield de la tonne.	PRIX à Sheffield du quint. mét.	NOM du port d'embarquement.	NOMS DES MINES qui alimentent les forges.
			q. m.	liv. s.	fr.		
Report. . . .	. . . .	. . .	20.267				
Garpenberg.	*Idem.*	7	4.284	15 05	37,82	Stockholm.	Bisberg avec divers.
Horndal.	*Idem.*	4	2.463	15 00	37,20	Gefle. Stockholm.	Bisberg avec Norberg.
			27.014				
Elfsbacka (1re marque) . .	Wermland.	5	2.962	15 10	38,44	Gotheborg.	Nordmark avec Enggrufvan et divers.
Anneforss. *Id.* . . .	*Idem.*	1	364	15 10	38,44	*Id.*	*Id.*
Lofstaholm. *Id.* . . .	*Idem.*	4	1.140	15 10	38,44	*Id.*	*Id.*
Lenungshamar.	*Idem.*	2	1.224	15 08	38,19	*Id.*	Nordmark avec divers.
Brunnsberg.	*Idem.*	4	2.965	15 05	37,82	*Id.*	*Id.*
Ransäter-nedre.	*Idem.*	2	1 326	15 00	37,20	*Id.*	*Id.*
Elfsbacka, Anneforss, Lofstaholm. . . . . } 2e m.	*Idem.*	supr	2.220	14 15	36,58	*Id.*	Nordmark avec Enggrufvan et divers.
Norum. . . . . *Id.*	*Idem.*	1	987	14 10	35,96	*Id.*	Nordmark avec divers.
Upperud. . . . . . . *Id.*	*Idem.*	5	3.808	14 10	35,96	*Id.*	*Id.*
[illegible]	[illegible]	[illegible]	[illegible]	[illegible]	[illegible]	Stockholm.	[illegible]
Strombacka. (marq inf) .	Gefleborg.	3	2.517	14 10	35,96	Stockholm.	*Id.*
Hedvigsforss	*Idem.*	3	2 176	14 10	35,96	*Id.*	*Id.*
			6.571				
Fagersta.	Wermland.	4	2.686	14 10	37,20	*Id.*	Norberg.
Gasjo.	*Idem.*	2	1.632	14 10	37,20	*Id.*	*Id.*
Westanforss	*Idem.*	2	1.840	14 10	37,20	*Id.*	*Id.*
Engelsberg.	*Idem*	4	3.173	14 10	37,20	*Id.*	*Id.*
			9.331				
APPENDICE. Outre les forges précédentes qui fabriquent spécialement en vue de l'exportation, il en existe beaucoup d'autres qui ont fabriqué, en partie pour l'exportation directe, et surtout pour la fabrication d'aciers destinés à l'exportation, ou à la consommation locale environ.	. . . .	. .	90 658	14 00	34,72	Stockholm. Gotheborg.	Diverses mines précédemment indiquées et quelq. autres moins import.
TOTAL DE LA PRODUCTION.			234.000				

La valeur des fers à acier dépend de la qualité des minerais employés.

La conclusion principale qui se déduit de l'inspection de ce tableau est que la valeur des fers produits dans chaque groupe métallurgique de Suède et de Norwége est due essentiellement à l'origine du minerai. L'importance du minerai se fait surtout sentir en ce qu'elle détermine l'énergie de la propension aciéreuse du fer. Tous les efforts qui ont été tentés pour suppléer à cet égard, par les méthodes de travail, à l'insuffisance du minerai, sont restés sans résultat, et ce fait assurément a une grande portée si l'on considère l'intérêt qu'ont toujours eu, en Suède, les possesseurs des mines de troisième rang à donner à leurs produits la qualité des fers obtenus avec les minerais de Danemora. Cette expérience n'est même pas seulement concluante pour les usines et pour les minerais de Suède et de Norwége. Depuis deux siècles, les mêmes tentatives ont été poursuivies, sur un plus vaste théâtre, dans les usines de la Grande-Bretagne et dans toutes les colonies que l'Angleterre a successivement possédées et possède encore aujourd'hui, particulièrement en Amérique et dans les Indes orientales. Toutes ces expériences ont invariablement présenté les mêmes résultats : prenant leurs désirs pour la réalité, les auteurs de ces expériences ont presque toujours constaté, à l'origine de leurs essais, la supériorité ou du moins la haute valeur de leurs produits ; les aciéries anglaises, vivement intéressées à se soustraire à la dépendance de la Suède, ont toujours accueilli avec sympathie les espérances qu'on leur faisait concevoir ; les efforts les plus persévérants y ont été faits dans le but de constater la supériorité des fers à acier d'origine britannique. J'ai assisté moi-même, en 1836 et en 1842, à l'essai de plusieurs sortes de fers que l'on s'attachait depuis longtemps à fabriquer, en Angleterre, dans les colonies et particulièrement dans le midi de l'Indostan, avec cette ténacité qui est propre au génie anglais. Tous ces efforts ont donné quelques résultats intéressants au point de vue de la science, et qui ne sont même pas dépourvus d'une certaine utilité industrielle; mais la conclusion fondamentale qui en a été déduite est exactement l'inverse de celle que l'industrie anglaise avait intérêt à établir. Il a été prouvé que la partie du globe accessible au commerce des Européens, ne pouvait fournir aucun fer comparable, eu égard à la propension aciéreuse, aux premières marques de Suède. La qualité supérieure et hors ligne des fers de Danemora est devenue un axiome pour l'industrie anglaise : aussi la valeur de ces fers qui n'était, en 1766, que de 15 p. 0/0 au-dessus de la valeur des autres marques de Suède, est aujourd'hui montée à 100 p. 0/0 au-dessus de la valeur de tous les autres fers connus. Je ne pourrais, sans dépasser le cadre que je me suis tracé, insister ici sur l'histoire des essais métallurgiques, poursuivis dans ce but, tant en Suède que dans l'empire britannique. Je remarquerai d'ailleurs que les résultats de cette expérience séculaire se trouvent, en définitive, résumés dans le prix courant des fers à acier en Yorkshire, avec une précision et une rigueur auxquelles le discours ne pourrait rien ajouter.

Je tiens donc pour établi que l'influence dominante du minerai sur la propension aciéreuse des fers, et la supériorité hors ligne des fers à acier de Danemora sont au nombre des axiomes métallurgiques les mieux avérés.

Détails spéciaux sur la mine de Danemora.

Dans la plupart des groupes de forges de Scandinavie, la valeur du fer dépend essentiellement de l'origine du minerai qu'on y élabore : les forges de Danemora sembleraient seules faire exception à cette règle; car les marques de moindre valeur, quoique supérieures aux meilleures marques provenant des autres minerais, sont classées fort au-dessous des premières marques du même groupe. Toutefois il n'y a point ici anomalie : les différences qui existent entre les diverses forges du groupe de Danemora sont encore dues essentiellement aux mêmes causes qui distinguent l'un de l'autre les divers groupes de forges à acier.

La mine de Danemora, en effet, ne doit être considérée comme une unité qu'à un point de vue très-général ; elle comprend trois champs principaux d'exploitation : 1° celui du Nord, dit *Kungsgrufvorne*; 2° celui du centre ou la grande mine; 3° celui du Sud, dit *Södrafeltet*. Ces trois subdivisions correspondent à trois masses principales de minerai entre lesquelles il n'existe point de continuité; beaucoup de massifs de moindre importance, et qui paraissent être également isolés dans la roche encaissante, sont disséminés à proximité des principaux massifs. Tout ce système a été divisé en un grand nombre de concessions dont une dizaine environ étaient exploitées à l'époque où je visitai ce district. Chaque concession est possédée d'une manière indivise et suivant des proportions fort inégales, par les propriétaires des diverses forges du district; en sorte que la valeur des produits de chaque forge dépend exclusivement de la proportion possédée dans les concessions les plus recommandables par la qualité de leurs minerais. Ce fait est si bien établi, que la valeur commerciale des diverses forges du groupe de Danemora dépend moins de l'importance des établissements et de leurs dépendances territoriales, que de la nature et de la proportion des parts possédées dans la mine. Les minerais de chaque concession, exploités en commun, sont divisés en lots et répartis avec une rigueur scrupuleuse entre les divers propriétaires, ou plus exactement entre les diverses forges. On pense, en effet, dans le district de Danemora, que la qualité du fer produit par une forge dépend non-seulement de la qualité de chacun des minerais employés, mais encore du mélange spécial qu'une expérience séculaire a conduit à faire dans chaque établissement. Les fabricants des meilleures marques se gardent donc d'altérer le mélange qui jusqu'alors a fait la réputation de leurs produits, et cette permanence du mélange se conserve, sauf les légères modifications imposées par le régime des exploitations, lorsqu'un même propriétaire possède à la fois deux forges dont les fers sont classés à des rangs inégaux dans l'échelle des prix du Yorkshire. Par suite de cette sage administration, il est donc vrai de dire que les minerais de Danemora se répartissent entre les forges plutôt qu'entre les propriétaires.

L'étude comparative des diverses parties du gîte de Danemora et de la répartition des minerais, rapprochée de la valeur des fers produits dans les diverses forges, démontre que les variations de qualité tiennent à des nuances extrêmement délicates, et qui vraisemblablement resteront longtemps encore un mystère pour la science. Les meilleurs fers sont produits par les forges qui s'approvisionnent surtout au champ du milieu ou à la grande mine : or, celle-ci se compose surtout de cette immense excavation tant de fois décrite par les curieux et par les géologues, au fond et sur les parois de laquelle existe une des plus grandes masses de minerai que les travaux de l'homme aient fait connaître jusqu'à ce jour. Cette masse continue est divisée du Nord au Sud en quatre concessions par trois lignes absolument arbitraires et qui ne correspondent à aucune division naturelle du gîte : il est donc très-digne de remarque que les meilleurs minerais proviennent des extrémités, et se montrent supérieurs à ceux des deux concessions intermédiaires. Pour donner plus de précision aux faits que je viens de signaler, je crois utile de rapporter ici le nombre de parts possédées par chaque forge, dans les quatre concessions principales de la grande mine de Danemora.

Répartition du minerai entre les diverses forges.

Champ du milieu ou Grande-Mine.

Concession du Nord, dite *Iord-Grufvan.*

Löfta et Carlholm. . . .	2	5
Gimo et Rånäs. . . .	1	
Osterby et Strombacka.	2	

Concession du Centre-Nord, dite *Storrymningen.*

Löfsta et Carlholm. . .	65	188 [1]
Stromsberg et Ullforss.	39	
Forssmark.	48	
Gysinge.	24	
Söderforss.	12	

Concession du Centre-Sud, dite *Hjulvind.*

Löfsta et Carlholm. . .	9	39
Forssmark.	8	
Gysinge.	4	
Wattholma.	3	
Harg.	4	
Skebo.	3	
Elfkarleö.	8	

---

[1] Il y a ici une légère erreur dans les nombres que j'ai transcrits sur les lieux : cette mine est réellement divisée en 200 parts.

Concession du Sud, dite *Dammsgrufvan.*

Löfsta et Carlholm. . . .	2	5
Gimo et Rånäs.	1	
Österby et Strombacka.	2	

Les principales concessions du Champ du Nord et Champ du Sud sont divisées ainsi qu'il est indiqué ci-dessous :

Champ du Nord dit Kungsgrufvorne.

Löfsta et Carlholm. . .	285	999
Gimo et Rånäs.	66	
Österby et Strombacka.	120	
Stromsberg et Ullforss.	60	
Forssmarck.	135	
Gysinge.	36	
Wattholma.	66	
Harg.	68	
Skebo.	63	
Söderforss.	36	
Elfkarleö.	46	
Ljusne [1].	18	

Champ du Sud dit Södrafeltet.

Löfsta et Carlholm . .	1.206	12.600
Gimo et Rånäs.	252	
Österby et Strombacka.	378	
Stromsberg et Ullforss. .	576	
Forssmark.	687	
Gysinge.	1.877	
Wattholma.	1.976	
Harg.	2.102	
Skebo.	2 577	
Söderforss.	351	
Elfkarleö.	618	

L'anomalie apparente que présentent les forges du groupe de Danemora, n'est donc au fond qu'une confirmation de la loi fondamentale qui résulte de l'étude des forges à acier, à savoir, que

(1) Cette forge est la seule, dans le groupe de Danemora, où l'on ne fabrique point de fers à acier.

l'énergie de la propension aciéreuse des fers est la conséquence immédiate d'une qualité propre aux minerais avec lesquels ces fers sont préparés.

Division des mines de fer a acier de Scandinavie en cinq classes.

Les divers gîtes de fers à acier de la Scandinavie, énumérés suivant l'ordre de la qualité aciéreuse de leurs minerais, peuvent être groupés de la manière indiquée ci-après .

Rang	Mines			liv.	sh.		liv.	sh.
1er *Rang.*	Danemora (grande mine).	fers valant	de	35	0	à	28	0
2e *Rang.*	Danemora (autres régions).	*Id.*	de	24	0	à	20	5
3e *Rang.*	Vindtjern et Skinnärang. . Persberg et Langban. . . Arendal.	*Id.*	de	18	12	à	17	15
4e *Rang.*	Grangerberg. . . . . Taberg et Nordmark. . . Gellivara. . . . . Bisberg.	*Id.*	de	16	0	a	15	15
5e *Rang.*	Uto et divers. . . . . Enggrufvan et divers. . . Norberg.	*Id.*	de	15	8	à	14	10

La plupart de ces mines fournissent des minerais oxydulés magnétiques plus ou moins imprégnés de fer oligiste : celle de Langban fournit principalement du fer oligiste, du fer carbonaté, du fer oxydé hydraté, etc.

Les seules mines qui concourent dans une proportion notable à la production des fers à acier sont :

Danemora,	Grangerberg,
Vindtjern et Skinnarang,	Taberg et Nordmark,
Persberg et Langban,	Bisberg,
Arendal,	Norberg.

Traitement métallurgique des minerais de fer à acier.

Les forges de Scandinavie, où se fabriquent les fers à acier, n'offrent, sous le rapport technique, aucune supériorité sur la plupart des usines de l'ouest de l'Europe, et particulièrement sur celles de France. On peut même dire qu'au point de vue qui préoccupe particulièrement les métallurgistes français, celui de l'économie du combustible, les forges de Franche-Comté, des Vosges, de Champagne, de Lorraine, etc., offrent une très-grande supériorité sur celles de Suède. En Suède même, l'opinion générale est que les forges les plus arriérées sous le rapport technique, sont précisément celles de Danemora où se produisent les meilleurs fers à acier. Ces usines ont conservé presque sans modification, les méthodes de travail qui y furent introduites par Louis de Geer, en 1643, au moyen d'ouvriers amenés à cet effet de l'ancien pays Wallon. J'ai retrouvé moi-même avec intérêt dans les forges de Danemora, quelques dispositions d'usines et divers détails de manipulation que j'avais observés en 1835 dans les petites forges comprises, sur la rive gauche de la Meuse, entre l'Ourthe et la frontière actuelle de France.

Dans presque tous les groupes d'usines où se fabrique le fer à acier, les minerais, préalablement grillés au moyen du bois de corde ou du charbon de bois, sont fondus dans des hauts-fourneaux, ayant environ 8 mètres de hauteur et 2 mètres de largeur au ventre. La fusion des gangues résulte, soit du simple mélange des divers minerais, soit de l'addition d'une faible proportion de chaux carbonatée. L'air froid ou modérément chauffé, est projeté par une seule tuyère, à raison de 14 jusqu'à 20 kilogrammes par minute, sous une pression de 3 à 5 centimètres de mercure. Dans les trois usines où j'ai particulièrement étudié la fusion des principaux types de minerais, les éléments essentiels de l'allure des hauts-fourneaux se résument ainsi qu'il est indiqué ci-après :

	Minerais de Danemora (1er rang)	Minerais de Persberg. (3e rang.)	Minerais de Taborg. (4e rang)
Production journalière en bonne allure (kilog.)	6.100	4.700	6.700
Fonte obtenue de 1,00 de minerai grillé.	0,508.	0,495	0,478
Fondant calcaire ajouté pour 1,00 de fonte obtenue.	0	0	0,05
Charbon consommé au haut-fourneau pour 1,00 de fonte obtenue.	1,05	1,08	1,00

Dans le district de Danemora, la fonte est affinée par la méthode Wallonne, qui a disparu depuis longtemps du pays où elle paraît avoir pris naissance, et qui n'est plus guère pratiquée aujourd'hui que dans quelques petites forges du Maine, de la Bretagne et de l'Eiffel. Cette méthode est caractérisée par l'emploi simultané de deux feux : l'un pour l'affinage de la fonte, l'autre pour l'étirage de la pièce de fer brut; là comme ailleurs, cette méthode exige une grande quantité de combustible, bien qu'elle y soit appliquée à des fontes plus faciles à affiner que toutes celles que j'ai vu traiter ailleurs. On consomme ordinairement pour l'affinage dans le groupe de Danemora, 2,90 de charbon de bois pour 1,00 de fer forgé obtenu.

Les forges dans lesquelles se fabriquent les fers à acier de quatrième et de cinquième rang affinent généralement la fonte, au moyen d'un seul feu qui sert à la fois pour l'affinage proprement dit et pour l'étirage. Cette méthode qui est très-dominante en Suède, ressemble par ce caractère général à celle qui est généralement suivie en France et sur la plus grande partie du continent. Dans ses détails elle se rapproche beaucoup de celle que j'ai vu pratiquer en Pologne, en Silésie, dans la partie orientale du Hartz, etc. Toutefois, les soins particuliers qu'on donne à l'affinage et au martelage, entraînent une consommation de charbon plus grande que dans ces contrées, et qui descend rarement au-dessous de 2,40 pour 1,00 de fer forgé obtenu. Souvent même cette consommation monte à 2,70; et il est à remarquer qu'elle s'applique généralement à des fontes moins faciles à affiner que celles de Danemora.

Tentatives infructueuses faites pour suppléer à l'infériorité du minerai.

Ainsi que je l'ai dit précédemment, ce sont les forges alimentées par les minerais de troisième rang qui se sont particulièrement engagées dans la voie des expériences, et qui ont tenté avec le plus de persévérance d'accroître, par l'influence des méthodes de travail, la valeur commerciale de leurs fers. Ce sont elles, en effet, qui étaient le mieux en position de demander à la métallurgie les moyens d'atteindre la qualité du fer de Danemora. Les tentatives faites dans cette direction, et qui depuis huit à dix ans ont le plus préoccupé en Suède l'attention publique, sont celles qui ont été poursuivies par les habiles propriétaires des forges de Lesjöforss. Ces recherches ont eu surtout pour résultat d'introduire dans la pratique régulière d'un certain nombre de forges, la méthode d'affinage suivie dans les forges au charbon de bois de Bagbarrow, Sparkbridge, etc. (Lancashire), que j'ai signalées (*Ann. des mines*, t. III, p. 606) au premier rang des quatre groupes de forges anglaises qui fournissent aux aciéries de Grande-Bretagne de bons fers à acier. La méthode du Lancashire n'est en définitive qu'une variété de la méthode wallonne, elle est même à peu près identique avec celle qu'on suivait dans le pays wallon à la fin du siècle dernier. La fonte est affinée dans un premier foyer au charbon de bois, et les lopins de fer brut sont réchauffés pour l'étirage, dans un foyer de chaufferie à la houille. On constituerait à très-peu près cette méthode en combinant le travail d'affinage des forges comtoises avec le réchauffage des lopins tel qu'on le pratique dans la méthode mixte de Champagne. L'obligation d'employer exclusivement le charbon de bois a naturellement conduit les métallurgistes suédois à modifier notablement le travail du réchauffage et à se rapprocher ainsi du mode suivi dans le district de Danemora. Pour l'affinage seulement, on a conservé exactement les manipulations propres au Lancashire. La nouvelle méthode est suivie, soit concurremment avec l'ancienne méthode, soit même à l'exclusion de celle-ci, dans plusieurs forges qui produisent des fers de troisième rang, avec les fontes provenant des gîtes de Persberg et de Langban. Tel est le cas des forges de Bäckaforss, Lesjöforss, Munckeforss, Liljendal, etc.; tel est aussi le cas des trois forges de Norwége qui produisent, avec les minerais du groupe d'Arendal, des fers à acier de troisième rang.

Les opinions sont assez partagées en Suède sur les résultats obtenus par l'introduction de la méthode du Lancashire : toutefois la propagation de la nouvelle méthode dans plusieurs forges dirigées par des métallurgistes fort habiles est, ce me semble, un argument décisif en sa faveur. Il faut le dire d'ailleurs, ce n'est point en Suède, mais bien à Sheffield qu'on peut le mieux apprécier la valeur réelle d'une modification introduite dans la préparation des fers à acier. Mon attention n'ayant pas été portée spécialement sur ce point à l'époque où je visitai le Yorkshire pour la dernière fois, je n'ai pu réunir alors tous les éléments nécessaires pour juger cette question. Les renseignements que je me suis procurés récemment sont contradictoires en beaucoup de points, ainsi que cela arrive en général pour toute question soulevée par l'industrie de l'acier. Ce qui paraît le mieux avéré, c'est que les nouveaux fers n'ont rien gagné, si même ils n'ont pas perdu, sous le rapport de la propension aciéreuse : ils ont, au contraire, visiblement gagné en pureté, et paraissent même sous ce rapport l'emporter sur les bons fers de Danemora. Le prix de ces fers paraît avoir haussé notablement par comparaison avec le prix de plusieurs sortes analogues que l'on continue à fabriquer par la méthode suédoise. Toutefois cette hausse s'est également fait sentir sur des marques de 3e rang qui, comme celles de Dådran, continuent à être fabriqués par l'ancienne méthode; on pourrait donc peut-être l'attribuer en partie au développement des ateliers, tels que les fabriques de limes, qui recherchent particulièrement les fers à acier de cette catégorie. En résumé, aucune des nouvelles marques n'a pu franchir l'intervalle établi par les prix courants de Sheffield entre les premiers fers de 3e rang et les dernières marques de Danemora.

Tous ces essais ont eu constamment pour objet l'amélioration de la qualité du fer et nullement l'économie dans la fabrication : l'introduction de la méthode du Lancashire a même occasionné, en général, une certaine augmentation sur les consommations et sur les frais de fabrication du fer : dans l'usine où j'ai particulièrement étudié les deux méthodes, la consommation de combustible a été augmentée dans le rapport de 1,00 à 1,10; la consommation de fonte pour 1,00 de fer forgé, s'est élevée de 1,27 à 1,29. Des essais plus récents, et dont les résultats ne sont pas encore constatés par une expérience suffisante, ont eu pour objet d'appliquer au travail du fer, des gaz provenant des hauts-fourneaux ou spécialement préparés à cet effet.

Soins particuliers donnés à la fabrication.

Je ne donnerais qu'une idée inexacte des méthodes suivies en Suède et en Norwège pour la fabrication des bons fers à acier, si je n'ajoutais ici qu'on y apporte au choix des matières premières et au triage des produits, des soins et une surveillance que je n'ai remarqués dans aucun autre groupe de forges. Ainsi, les minerais préalablement cassés, triés et grillés avec de grandes précautions, sont associés dans certaines proportions que l'expérience a fait connaître; on écarte du mélange destiné à la fabrication des fontes de fer à acier, tous les minerais dont la qualité est douteuse, et l'on apporte la plus grande prudence dans les tentatives ayant pour objet de modifier le mélange normal; on n'emploie pour la fabrication des meilleurs fers destinés à l'exportation que certaines fontes correspondant à une allure déterminée du haut-fourneau Les charbons sont choisis avec des soins tout particuliers, et, dans plusieurs forges, on les soumet à un lavage à grande eau, immédiatement avant de les charger dans le foyer, pour les débarrasser des matières terreuses qui pourraient y adhérer. Les fers fabriqués sont soumis au contrôle d'agents spéciaux, qui ne laissent apposer la marque caractéristique du fer à acier que sur les barres parfaites; les barres de moindre qualité sont généralement converties, dans l'usine même, en aciers de cémentation qui, après avoir été étirés au martinet, sont exportés dans toutes les parties du monde. Les sortes tout à fait inférieures sont conservées pour la consommation locale, ou exportées comme fers communs. Les sortes ordinaires de fer sont normalement fabriquées dans toute la Suède, avec une consommation de combustible et en général une dépense beaucoup moindres que celles qu'entraîne la fabrication des fers à acier; en sorte que la rigueur apportée dans le triage des fers destinés à l'exportation entraîne implicitement une grande augmentation sur les frais de production de ces qualités d'élite. L'étude attentive de ce qui se passe, à cet égard, dans l'une des principales forges de Dancmora m'a prouvé que, toute correction faite dans le sens que je viens d'indiquer, la consommation de charbon nécessaire pour convertir la fonte en fer à acier de premier choix atteignait parfois 4 parties en poids pour 1,00 de fer obtenu (1).

---

(1) La fabrication des fers à acier me paraît constituer une branche très-importante de la métallurgie du fer. Il ne serait pas possible de renfermer dans le cadre d'un simple mémoire, alors même que celui-ci serait spécialement consacré à cette question, tous les faits importants constatés par l'expérience des forges de Scandinavie, de Russie et de Grande-Bretagne. Une telle étude ne peut d'ailleurs avoir une véritable portée scientifique que si elle est rapprochée de la description des méthodes de travail suivies pour la fabrication des sortes supérieures de fers destinées aux emplois immédiats.

En attendant que je puisse offrir au public le résultat de mes études, je suis heureux de rendre ici un premier hommage aux travaux des métallurgistes suédois et norwégiens, et surtout à la libéralité avec laquelle chacun de ceux que j'ai eu l'honneur de visiter a bienvoulu m'initier à la connaissance des faits constatés par sa propre expérience. Qu'il me soit permis à cette occasion d'adresser un témoignage de reconnaissance à MM. Ekman père et fils,

Causes de la supériorité des fers suédois.

Les observations sommaires que je viens de présenter au sujet de la fabrication des fers à acier motivent suffisamment les conclusions suivantes :

Le *corps* ou la *propension aciéreuse* des fers à acier est essentiellement le résultat d'une propriété naturelle des minerais employés. Une élaboration vicieuse détruit plus ou moins cette qualité ; plusieurs méthodes de travail paraissent pouvoir la développer également ; aucune méthode connue jusqu'à ce jour n'a pu la porter, dans aucun fer, au-dessus de certaines limites tracées par la nature même des minerais.

C'est surtout dans la conversion de la fonte en fer forgé que la méthode métallurgique influe sur la qualité du produit. Les méthodes employées en Suède se distinguent des méthodes suivies en France par une très-forte consommation de combustible végétal. La fabrication des fers de premier choix destinés à l'exportation, exige quelquefois, toute correction faite à raison des fers rebutés, quatre parties de charbon pour une partie de fer obtenu : rarement cette consommation tombe au-dessous de trois parties.

La *pureté* du fer dépend en grande partie de la nature du minerai élaboré ; on chercherait vainement à la développer au degré convenable pour les aciéries, dans nombre de fers provenant

---

de Lesjöforss; Ostberg d'Elfkarleö, membre du collége royal des mines; C. F. Vœrn de Bäckeforss; J. Vœrn d'Uddeholm, conseiller d'état; J. Danielson, directeur de forges à Munkforss; F. Scheele, bergmeister à Philipstadt; C. P. Bergsten de Fahlun; le baron P. A. Tamm d'Österby; C. Béronius, geschworner à Danemora ; Böbert, directeur des mines de Kongsberg; Roscher, directeur des usines de Modum.

de minerais communs ; mais elle dépend aussi essentiellement de la méthode de travail. La grande difficulté que paraît offrir le traitement métallurgique des minerais de troisième, de quatrième et de cinquième rang, consiste à obtenir un grand degré de pureté sans détruire en tout ou en partie la propriété aciéreuse. C'est surtout pour arriver à ce but qu'il ne faut épargner ni la main-d'œuvre ni le combustible.

En résumé, l'expérience acquise en Suède et en Grande-Bretagne, ne donne nullement lieu d'espérer que l'art puisse développer dans le fer la propension aciéreuse, et qu'à cet égard on puisse suppléer à l'insuffisance des minerais par le progrès de la métallurgie : les forges de Danemora qui produisent des fers à acier classés hors ligne parmi tous les fers connus, sont précisément celles qui ont conservé les plus anciennes méthodes de travail : tous les fabricants de ce district sont convaincus qu'ils n'ont rien à gagner à modifier les procédés qui y sont établis depuis 1643. Si malgré cet état stationnaire, les forges de Danemora ont vu croître constamment depuis deux siècles la réputation de leurs produits, c'est qu'en cette matière, comme en beaucoup d'autres, la nature est plus puissante que l'art (1).

(1) Cette conclusion n'est point particulière, au reste, à la métallurgie des fers à acier ; elle s'applique également à la production de toutes les sortes supérieures de fer destinées aux emplois qui exigent dans le métal une aptitude particulière portée à un degré éminent. J'aurai occasion de démontrer ailleurs qu'à toutes les époques de la métallurgie, la production des fers d'élite a toujours été la conséquence de l'exploitation de certains minerais, et que le progrès de l'art n'a absolument rien changé à cet état de choses. Il y a même de nombreux motifs de pen-

Ressources remarquables qu'offre la Suède pour la fabrication du fer.

La spécialité que la Suède s'est créée depuis deux siècles pour la production des fers à acier, n'est pas seulement la conséquence de l'aptitude que lui assure la nature de ses minerais; elle est due également à un ensemble de ressources naturelles et de conditions économiques et commerciales qui jusqu'à ce jour ne se sont trouvées réunies au même degré, dans aucune autre partie du globe.

Dans les conditions imposées par la nature du sol et du climat, et par la position géographique,

---

ser que le progrès de la métallurgie, sans cesse dirigé en vue de réaliser des économies sur les consommations en matières et en main-d'œuvre, a entraîné généralement en Europe une détérioration dans le *corps* et dans la *pureté* des fers. Cette tendance me paraît surtout prononcée aujourd'hui dans les divers groupes de forges françaises. Chaque jour on s'attache à y produire des fers à bon marché plutôt que des fers de qualité supérieure, et chaque jour, en conséquence, on voit employer des fers médiocres pour certaines fabrications dans lesquelles, depuis des siècles, on croyait devoir n'admettre que des fers de premier rang. Si le mouvement industriel que nous observons continue à se propager en France, si, en présence de ressources limitées ou décroissantes en combustible végétal, le besoin de fers continue à s'accroître, cette tendance deviendra de jour en jour plus prononcée. Une sage économie commerciale conduira donc à reprendre, au moins en partie, les traditions du dernier siècle, de la révolution et de l'empire, et à adopter le régime que les mêmes causes ont établi en Grande-Bretagne, dans les Etats-Unis d'Amérique, etc. On appliquera les ressources du territoire à la fabrication des sortes de fer qui peuvent être préparées, soit avec une médiocre dépense de combustible végétal, soit exclusivement avec la houille, et l'on tirera des contrées auxquelles le climat et la position géographique interdisent toute autre industrie, une quantité comparativement faible de certains fers de choix, dont la production exige une grande consommation de combustible végétal.

la fabrication du fer est la seule industrie qui jusqu'à ce jour ait pu se développer en Suède, sur une grande échelle, au-dessus de ces industries pour ainsi dire domestiques qui sont propres à tous les peuples occupant un rang distingué dans la famille européenne.

Les minerais, extraits à ciel ouvert de puissants dépôts, et contenant pour la plupart de 45 à 60 p. 100 de fer, reviennent ordinairement de 0f,75 à 1f,20 les 100 kilog. aux exploitants qui sont aussi les propriétaires des hauts-fourneaux. Des provinces entières, où aucune autre industrie n'appelle la population, n'ont guère d'autre culture que l'exploitation des forêts. De sages règlements assurent depuis des siècles la conservation de cette richesse naturelle. Toutes les usines y sont pourvues d'un large approvisionnement de combustible végétal, à des prix incomparablement inférieurs aux prix de l'ouest de l'Europe. Dans les forges que j'ai visitées, le prix des 100 kilog. de charbon de bois est ordinairement compris entre 0f,80 et 1f,50; dans les plus grandes usines du Wermland qui produisent du fer à acier, le prix ordinaire est 0f,87. Dans ces mêmes établissements l'exploitation simultanée des forges et des scieries permet en outre d'obtenir, avec le déchet des bois de sciage destinés à l'exportation, des quantités considérables de charbons dont le prix réel de revient ne dépasse pas 0f,35. Une seule des forges du Wermland prépare annuellement, dans ces dernières conditions, jusqu'à 8.280 quintaux métriques de charbon.

La fonte est généralement fabriquée à proximité de chaque mine de fer : celle-ci forme ordinairement le centre d'une circonscription administrative nommée *Bergslag*, soumise à certaines charges, et pourvue de divers priviléges qui ont spécialement pour but de favoriser l'industrie du fer. Ainsi les bois récoltés dans les limites du bergslag ne peuvent en être exportés à l'état de bois d'œuvre, ni même à l'état de charbon; chaque haut-fourneau du bergslag est lui-même le centre d'une petite subdivision forestière, qui ne peut diriger ses charbons, sous peine d'une amende égale à la valeur du combustible, ailleurs que vers ce fourneau; celui-ci est également pourvu d'un approvisionnement de minerai; en sorte que la concurrence entre les fabricants de fonte s'exerce seulement dans la vente du produit, et jamais dans l'achat des matières. L'on ne convertit en fer forgé, dans la circonscription du bergslag, qu'une faible quantité de fonte. La plus grande partie des fontes à affiner est exportée, souvent à de grandes distances, dans des forges qui fondent aussi parfois des minerais tirés des bergslags les plus voisins; ces transports des minerais et des fontes se font généralement dans la direction suivant laquelle les fers doivent se mouvoir pour gagner le port d'expédition.

La constitution de la propriété, les habitudes laborieuses et morales de la population, l'abondance des vivres et des fourrages, l'absence de toute autre occupation industrielle assurent aux forges la main d'œuvre et les transports à un prix très-modéré. Le prix de la journée de travail varie ordinairement de 0f,81 à 1f,50; la journée d'un conducteur avec un cheval attelé coûte ordinairement 2f,80.

En résumé, pour ce qui concerne l'achat des matières premières et les dépenses de main d'œuvre, les fabricants suédois trouvent dans les conditions naturelles et dans l'organisation sociale du pays une grande supériorité sur les fabricants du centre et de l'ouest de l'Europe.

Obstacles surmontés par les forges suédoises: débouchés entièrement extérieurs.

Les obstacles que les forges suédoises ont à vaincre résident surtout dans la nécessité d'aller chercher au dehors de la Suède la totalité de leur débouché (1), et dans la nature du combustible employé qui oblige les fabricants à disséminer leurs usines sur un territoire extrêmement étendu. La plus grande partie des frais de fabrication résulte donc des transports énormes qu'il faut faire pour amener successivement : d'une part les minerais au haut-fourneau, les fontes à la forge, les fers au port d'embarquement, puis au lieu de vente dans les pays étrangers; de l'autre, les charbons et les bois de la forêt aux usines. Il y a telle forge dont le fer, pour atteindre seulement le lieu d'embarquement, a dû franchir, sous ces diverses formes, une distance de 400 kilomètres. Sous ce rapport toutefois, le sol et le climat viennent encore en aide à l'industrie du fer : une épaisse couche de neige pendant trois à cinq mois d'hiver, les lacs et les rivières pendant l'été, offrent à la plupart des forges des voies naturelles de transport qui ne le cèdent en rien aux meilleures voies artificielles. Ces heureuses conditions atténuent des difficultés qui, dans l'ouest de l'Europe, seraient insurmontables; elles permettent chaque année de propager, vers le nord de la Suède, l'industrie du fer au milieu

(1) Les propriétaires de forges vendent à peine dans le pays le dixième de leur production. Le débouché local est principalement alimenté avec des produits de rebut qui ne pourraient trouver de placement sur les marchés étrangers.

de forêts qui, par leur éloignement des centres commerciaux, semblaient devoir rester étrangères à toute occupation industrielle. Les transports par traînage pendant l'hiver s'exécutent ordinairement à raison de 0f,06 à 0f,12 par tonne et par kilomètre ; les prix de transport sur les lacs, les distances étant mesurées en ligne droite, varient pendant l'été de 0f,020 à 0f,035 (1).

Longueur des transports pour les forges autres que celles de Danemora.

Ces considérations sont particulièrement applicables aux mines de fer à acier de Vindtjern et Skinnärang, Persberg et Langban, Taberg et Nordmark, Grangerberg, Bisberg, Norberg, toutes situés loin de la mer dans les provinces de Kopparberg, de Wermland et de Westmanland : avant d'atteindre le port d'expédition, les fers provenant de ces mines ont généralement à parcourir, sous leurs divers états successifs, des distances de 200 à 400 kilomètres. Sous ce rapport également, la mine de Danemora a été heureusement douée entre tous les gîtes de la Suède : les avantages

(1) Il est essentiel de remarquer que les prix qui viennent d'être indiqués sont ceux que paye un propriétaire de forges traitant de gré à gré avec des propriétaires, des fermiers et des ouvriers entièrement indépendants de l'exploitation de ces forges. Mais la plupart des exploitants peuvent se procurer la main-d'œuvre et les transports à des conditions plus avantageuses encore, en employant de petits fermiers attachés aux terres dépendant des forges, et qui, en échange d'une concession temporaire de terrain, doivent fournir annuellement le travail d'une certaine quantité d'hommes et de chevaux. La comptabilité d'une grande forge suédoise est donc extrêmement complexe, puisqu'elle comprend toujours les détails multipliés qu'entraine une grande exploitation agricole, et souvent la préparation des bois d'œuvre destinés à l'exportation.

qu'elle doit à sa position géographique sont presque aussi remarquables que ceux qui résultent de la supériorité aciéreuse de ses minerais. La mine est située à 30 kilomètres de la Baltique ; les forges les plus importantes, celles de Löfsta, de Gimo et d'Österby, situées directement entre la mine et le littoral, n'ont à transporter leurs produits qu'à cette faible distance. Pour les autres forges, les minerais doivent subir d'abord, parallèlement au rivage de la mer, ou en se rapprochant de celui-ci, un transport de 25 à 70 kilomètres, pour aller chercher le bois et la force motrice. La côte, admirablement disposée pour la navigation maritime, offre, pour ainsi dire en regard de chaque forge, un excellent port d'embarquement.

Moyens de développement propres au groupe de Danemora.

Cette heureuse position assure pour l'avenir, au groupe métallurgique de Danemora, des moyens de développement proportionnés à l'accroissement inévitable de la consommation des aciéries étrangères. Pour apprécier cet avenir, il suffit de jeter les yeux sur une carte du golfe de Bothnie. Au nord de Danemora, sur une ligne droite de 600 kilomètres environ, la côte de Suède, à peu près inhabitée, bordée de puissantes forêts, traversée par de nombreux cours d'eau qui, dans leur partie inférieure, offrent des moteurs d'une puissance pour ainsi dire indéfinie, cette côte, dis-je, présente pour la fabrication du fer au moyen du combustible végétal, des ressources qui n'existent certainement dans aucune autre région de l'Europe. Les minerais embarqués dans les divers ports voisins de Danemora seront transportés par mer sur tous les points de cette côte, et pénétreront dans l'intérieur, à des distances plus ou moins grandes, au moyen du traînage. C'est par ce même moyen de transport, plus efficace et plus permanent dans ces régions boréales qu'il ne l'est dans les groupes métallurgiques actuels, que se feront les transports de combustible, des forêts aux forges, et le retour des fers fabriqués, vers la côte. Une certaine quantité de combustible pourra être également transportée par flottage pendant l'été, ainsi que cela a lieu maintenant dans plusieurs groupes métallurgiques. Là, comme dans les provinces centrales de la Suède, l'industrie du fer pourra recevoir une puissante impulsion de l'exploitation des bois de construction que l'Europe occidentale et surtout la France vont demander en Scandinavie à des régions qui chaque année deviennent de plus en plus boréales. Les déchets de scieries assureront aux forges un combustible abondant et qui n'entraînera d'autres dépenses que celles de la carbonisation ; les fers, offrant un lest très-convenable pour les navires qui font le transport des bois, pourront être transportés presque sans frais dans tous les ports de la mer d'Allemagne, de la Manche, de l'Océan et de la Méditerranée.

Cette tendance de l'industrie suédoise s'est, au reste, déjà révélée sur une grande échelle depuis le commencement de ce siècle et surtout depuis quinze ans. Quarante-deux forges sont déjà établies, dans toute l'étendue de la côte de Bothnie, depuis le 62e degré jusqu'au cercle polaire. Elles sont alimentées en partie avec les minerais propres au sol de la Laponie, en partie avec ceux qu'on y amène par mer des régions méridionales de la Suède, et notamment de l'île d'Uto. Les fers à acier de Melderstein et de Toreåforss, mentionnés dans le tableau général, sont précisément produits dans ces conditions, sous le cercle polaire. Tout récemment enfin on a commencé à produire, vers le 62e degré, des fers à acier avec des matières provenant des mines de Persberg et de Danemora : ainsi la forge de Matforss (Wester-Norrland) produit des fers à acier au moyen de fontes préparées en Wermland avec les minerais de Persberg, puis transportées successivement à ces forges par les voies de terre, des lacs et de la mer, à une distance qui, mesurée en ligne droite, excède 600 kilomètres. M. le baron de Tamm, ouvrant le premier la voie où le suivront les autres forges de Danemora, a fondé à Strombacka (Gefleborg) une succursale de ses célèbres forges d'Österby. Les minerais de Danemora sont transportés successivement : par traînage au petit port de Kallerö (30 kilom.), par mer à Hudikswall (180 kilom.), enfin par traînage et par les lacs au haut fourneau de Movika (35 kilom.). La fonte et le fer fabriqué sont successivement transportés : par traînage à la forge de Strombacka (10 kilom.), par traînage et par les lacs au port d'Hudikswall (45 kilom.), enfin par mer à l'entrepôt de Stockholm (340 kilom.). Dans ce cas particulier, la matière ferreuse subit donc en Suède, depuis la mine jusqu'au port d'expédition, un transport de 640 kilomètres.

En résumé, les groupes métallurgiques où se préparent les fers à acier, et particulièrement celui de Danemora, pourront suivre l'essor imprimé aux aciéries d'Angleterre, de France et d'Amérique. La plupart des gîtes qui alimentent ces groupes offrent des ressources bien supérieures à la production actuelle : pendant longtemps la production n'y sera donc limitée que par l'état des débouchés.

Fabrication des aciers naturels et cémentés en Suède.

Le tableau général placé en tête de ce paragraphe ne comprend pas toutes les forges qui fabriquent des fers à acier ; je n'y ai mentionné que celles dont les produits sont régulièrement vendus sur le marché de Sheffield. Il existe en outre plusieurs forges qui expédient des fers à acier de qualité inférieure, lorsque le prix de ces fers éprouve une hausse sur les marchés étrangers, mais qui ordinairement convertissent sur place leurs produits en aciers cémentés destinés à l'exportation. Il convient de noter également que tous les fers à acier produits dans les forges mentionnées nominativement ne sont point exportés dans les pays étrangers : ainsi que je l'ai dit précédemment, les barres de qualité médiocre sont soigneusement séparées des barres de choix, et converties en acier. Enfin certaines forges, qui n'exportent point de fers à acier, produisent spécialement, pour la cémentation sur place, des fers de quatrième et de cinquième rang, comparables pour la qualité à certaines marques qui sont régulièrement exportées. Depuis trois ans, les fabriques d'aciers de cémentation, alimentées par les fers de ces diverses origines, ont pris en Suède un très-grand développement. J'ai groupé sur le tableau la production des forges où se fabriquent ordinairement, pour les aciéries indigènes, des fers qui sont ensuite exportés à l'état d'acier. Ce tableau offre donc approximativement le total des fers à acier exportés, sous l'une ou l'autre forme, dans les pays étrangers.

L'acier cémenté n'est point exporté brut dans l'état où il sort des caisses de cémentation : on le soumet préalablement à un étirage simple ou double, selon la dimension que l'on veut donner aux barres. Les barres ont ordinairement une section carrée; les grosses dimensions, échelonnées par seizièmes de pouce anglais, varient de 10 à 6 seizièmes de pouce : elles s'emballent ordinairement dans de petits barils. Les moindres dimensions, de 5 et de 4 seizièmes, s'emballent dans des boîtes carrées. On fabrique aussi des échantillons méplats : les sections extrêmes sont 16 sur 6 huitièmes de pouce, et 6 sur 3 huitièmes; la dimension la plus ordinaire est 8 sur 4 huitièmes. Les aciers méplats sont généralement expédiés en barres très-longues, non trempées, réunies en paquets par des liens de fer. Pour être emballées, les barres carrées sont, au contraire, trempées, puis cassées au marteau en fragments de longueur appropriée aux dimensions des barils ou des caisses.

Pour toutes les évaluations relatives à l'acier, les Suédois se servent des poids et des mesures d'Angleterre, ce qui indique clairement que ce sont les aciéries anglaises qui ont ouvert les débouchés commerciaux que les Suédois exploitent maintenant avec tant de succès pour les aciers communs. Les Suédois se servent même en partie des entrepôts d'Angleterre pour expédier leurs produits aux marchés les plus éloignés, notamment dans les Indes orientales, en Chine, aux Etats-Unis, dans l'Amérique méridionale, etc. En 1842, sur une exportation totale de 35.100 q.m., la Suède a expédié dans ce but environ 19.200 q.m. d'aciers en Angleterre.

De même que les forges de fer à acier, les aciéries de Suède se partagent en deux groupes commerciaux distincts qui expédient leurs produits, l'un par Stockholm, l'autre par Götheborg.

Les usines du premier groupe, énumérées à peu près suivant l'ordre d'importance de la production, sont : Helleforss, Ferna, Forssbacka, Skeppsta, Folkström, Wikmanshyttan, Torpshammar, Gryt, Nyqvarn, Stjernsund, Högforss (Westmanland), Garpenberg, Kilaforss, Garphyttan, Krämbol, Wedevåg, Boxholm, Forssjö, Elfkarleö, Osterby, Akerby, etc. Elles ont converti en acier, en 1845, environ. . . . . 45.100 q.m.

Les usines du deuxième groupe, énumérées suivant le même ordre, sont : Munkforss, Gustafsforss, Stjernforss, Storforss, Molmbacka, Bjorneborg, Billingforss, Hvitlanda, Kollerud, Bäckeforss, Haneforss, Liljendal, Wägsjöforss, Fredriksberg, Wassgårda, etc. Elles ont converti en acier, en 1845, environ. . . . . 41.000 q.m.

Les fabriques d'acier naturel qui étaient déjà établies en Suède au commencement du dernier siècle, à l'imitation des aciéries du Rhin, ont perdu de leur importance à chaque progrès nouveau que faisaient les aciéries de cémentation ; cette décadence a été surtout sensible pendant ces dernières années. Il est digne de remarque que les minerais de Suède, qui se montrent si éminemment propres à la fabrication du fer à acier, n'ont jamais pu fournir, malgré les tentatives réitérées des métallurgistes suédois, que des fontes fort médiocres pour la fabrication de l'acier naturel. Une particularité non moins curieuse est que la forge de Skisshyttan (Kopparberg), qui produit les meilleurs aciers naturels de la Suède, mais qui ne peut employer pour cette fabrication la totalité de ses fontes, convertit le reste en fer ordinaire et ne produit point de fer à acier.

En résumé, la Suède a fabriqué, en 1845, environ 80.000 q. m. d'aciers, savoir :

Aciers cémentés étirés. . . 78 900 q. m.
Aciers naturels corroyés. . 1.100

80.000

Commerce des fers à acier, ports d'expédition.

Ainsi que je l'ai indiqué sur le tableau général, les fers à acier sont exportés dans les pays étrangers par les ports de Luleå, Sundsvall, Soderhamn, Gefle, Stockholm et Norrköping, situés sur la Baltique, et par ceux de Oster-Riisoer, Laurwig, Uddevalla et Götheborg, situés dans le golfe de Christiania. La quantité totale de 193.342 q. m. produite dans les forges nominativement désignées au tableau, a été répartie entre ces differents ports à peu près dans les proportions suivantes :

	q. m.	
Stockholm. .	86.188	193.342 q. m.
Gotheborg .	61 362	
Gefle	25 859	
Oster-Riisoer.	6.801	
Laurwig. . .	4.080	
Uddevalla .	2.448	
Sundsvall. .	2.040	
Norrkoping .	1.878	
Soderhamn .	1.530	
Lulea. . . .	1.156	

Les huit derniers ports n'expédient, comme on voit, que de faibles quantités de fer ; celles-ci proviennent toujours de forges situées à peu de distance et sont ordinairement chargées comme lest à bord des bâtiments qui font le transport des bois de construction. Il en est autrement des ports de Stockholm et de Götheborg : un ensemble remarquable de voies navigables permet de réunir dans les entrepôts de ces deux villes les produits de tous les groupes des forges où se préparent les fers à acier.

Transport depuis les forges jusqu'aux entrepôts de Stockholm et de Götheborg.

L'entrepôt de Stockholm reçoit les fers, à la fois par mer et par les voies navigables communiquant avec le lac Mélar. Aussi cet entrepôt est-il précisément situé sur la langue de terre qui sépare le lac Mélar du golfe, au fond duquel est située la capitale de la Suède. Par la voie de mer, arrivent tous les fers produits sur la côte du golfe de Bothnie dans la Laponie, le Wester-Norrland, le Gefleborg, dans les provinces d'Upsal et de Stockholm, et même au nord et à l'est de la province de Kopparberg. Les forges situées plus au centre de la Suède, dans les provinces d'Upsal, de Stockholm, de Westerås et au sud de la province de Kopparberg, expédient au lac Mélar, soit par la voie de terre, soit par les canaux naturels ou artificiels qui s'étendent vers le nord jusqu'à Upsal, vers le nord-ouest jusqu'au lac de Barken. Cette dernière voie navigable, dont la pente est rachetée par vingt-cinq écluses, met en communication, depuis l'année 1780, le lac Mélar avec la pointe méridionale de la province de Kopparberg, et, par conséquent, avec les riches districts de forges qu'alimentent les gîtes de Norberg, de Bisberg et de Grangerberg : Elle ne répond plus aujourd'hui à l'activité de la production des forges; de nouveaux travaux vont y développer les moyens d'exportation.

L'entrepôt de Götheborg reçoit tous les fers fabriqués dans les provinces d'Elfsborg, de Vermland et d'Orebro avec les minerais de Persberg, de Langban, de Taberg, etc. Les fers sont d'abord transportés par la voie de terre ou par celle des lacs et des rivières dans le lac Wénern, cette mer intérieure de la Suède : ils y sont chargés sur des navires de 70 à 160 tonneaux qui, après avoir traversé le lac, se rendent par les écluses de Trollhytta dans le Gotha-Elf, grande voie naturelle de communication, à l'extrémité de laquelle est situé le port de Götheborg. Ces écluses creusées dans le granite, et qui rachètent la chute de 32 mètres que forment les eaux du lac en se précipitant dans le Gotha-Elf auquel elles donnent naissance, sont terminées depuis le commencement de ce siècle : c'est de l'achèvement de cet ouvrage d'art, l'un des plus magnifiques de l'Europe, que date la prospérité des scieries et des forges du Wermland et celle du port de Götheborg.

Le prix du transport de 100 kilogr. de fer, depuis les principales forges de Danemora jusqu'à l'entrepôt de Stockholm, est moyennement de 0f,40. Depuis Christinehamn et Carlstadt, ports situés sur le lac Wénern à proximité des principales forges des provinces de Wermland et d'Orebro, jusqu'à l'entrepôt de Götheborg, le fret s'élève ordinairement à 0f,75 par quintal métrique, ce qui équivaut à environ 0f,037 par tonne et par kilomètre, y compris 0f,014 pour le péage aux écluses de Trollhytta. Pour les forges les plus éloignées du lac, la somme de frais de transport depuis l'usine jusqu'à Götheborg dépasse rarement 2f,30 par 100 kilogr. Ce prix est également une limite supérieure pour la plupart des forges qui dirigent leurs fers sur l'entrepôt de Stockholm.

Institution des *Jern-Vågen*; frais d'expédition.

Les entrepôts de Stockholm et de Götheborg, où s'emmagasinent les fers en attendant que le moment soit venu de les exporter, forment eux-mêmes une des institutions commerciales les plus remarquables qui existent en Europe. Ils sont situés l'un et l'autre dans la localité la plus convenable à la fois pour le déchargement des petits navires qui apportent le fer, et pour le chargement des navires d'un plus grand tonnage qui portent les fers dans les pays étrangers. Placés sous la surveillance immédiate des autorités municipales, administrés par des agents complétement indépendants des fabricants de fers, ces beaux établissements, nommés *Jern-Vågen*, sont à la fois un magasin, un comptoir et un lieu de contrôle, et offrent aux acheteurs étrangers de grandes garanties, soit pour la quantité, soit pour la qualité des produits livrés. Aucun fabricant ne peut expédier à l'étranger un fer qui n'aurait point été entreposé au Jern-Vågen : à chacun d'eux est ouvert un compte sur lequel on mentionne les quantités reçues et expédiées. Les réceptions et les expéditions se font avec ponctualité sans qu'il soit nécessaire au fabricant de faire surveiller ces opérations par un de ses agents. Des inspecteurs speciaux ont pour fonction d'examiner soigneusement chaque barre de fer entrant au magasin, et de faire un triage de celles qui paraissent présenter des défauts. Après un nouvel examen, les chefs du Jern-Vågen interdisent définitivement l'exportation des barres défectueuses : celles-ci sont remises au propriétaire, qui, après avoir acquitté une amende représentant environ 25 p. 100 de la valeur du fer rebuté, est ordinairement obligé de les transporter à ses forges pour les soumettre à une nouvelle élaboration. La somme que le fabricant doit payer a l'administration du Jern-Vågen, pour tous les frais qu'entraînent la réception, le double pesage, le magasinage et la livraison, sont toujours très-faibles, bien qu'ordinairement, et surtout à Götheborg, le chargement des navires ne puisse se faire qu'au moyen d'alléges. Tous ces frais ne sont acquittés que lorsque le fer a été embarqué sur le navire qui doit l'exporter ; ils s'élèvent par quintal métrique de fer, y compris le droit d'exportation, au taux indiqué ci-après :

	Stockholm. fr.	Götheborg. fr.
Frais au Jern-Vågen	0,30	0,29
Chargement par alléges. . . .	0,07	0,26
Droit d'exportation.	0,19	0,26
	0,56	0,81

Frais de transport, du port suédois aux ports étrangers.

Les planches et les bois de construction provenant de l'intérieur ou des deux principaux rivages de la Suède s'emmagasinent pour la plus grande partie, comme le fer, à Stockholm et à Götheborg. Les bois offrent de beaucoup le plus fort tonnage; les navires qui les exportent à l'étranger recherchent donc, dans l'intérêt de leur navigation, le chargement d'une certaine quantité de fer, et se contentent pour ce métal du fret le plus modéré. Pour la Méditerranée, par exemple, où se transportent de grandes quantités de bois, et où se trouvent souvent des cargaisons de retour, composées de vins, de fruits, d'huile, de savons, de sels, etc., destinés aux ports de la Manche, de la mer d'Allemagne et de la Baltique, le fret des 100 kilogr. de fer descend souvent à 1f,00. De Götheborg à Hull, port des aciéries de Sheffield, la durée du trajet varie ordinairement de six à douze jours, et le taux du fret, de 0f,87 à 1f,49. De Stockholm à Hull, le fret, y compris le peage prélevé au Sund par le Danemarck, se tient généralement entre 2f,00 et 2f,60. La somme des frais, tels que transports, intérêts de fonds, magasinage, bénéfices des négociants, etc., qui grèvent les fers suédois depuis l'époque où ils sont chargés à bord des navires, jusqu'à l'époque où ils sont payés par les fabricants de Sheffield, s'élève moyennement pour ces deux ports à 8f,68 et à 9f,80 par quintal métrique. Le jour même où le fer est livré par le Jern-Vågen, les fabricants suédois tirent sur les acheteurs étrangers des traites à trois mois de date, qui se négocient en Suède au change de 22 $\frac{1}{2}$ skillings banc. pour un franc, ou de 12 rixd. banc. pour une livre sterling.

Mode de vente en Angleterre; anciens marchés à longs termes.

Pendant les deux derniers siècles, les fers à acier n'avaient d'autre débouché que l'Angleterre et s'expédiaient presque exclusivement par le port de Stockholm. Les fers de Danemora étaient vendus par des marchés à très-longs termes, à des maisons anglaises, et celles-ci n'épargnaient aucun sacrifice pour s'attribuer la possession exclusive de la matière qui assurait, sur les marchés neutres, la suprématie des aciers anglais. La France, qui admettait alors presque en franchise les fers étrangers, se trouvait, pour élaborer les fers à acier de la Suède, dans des conditions beaucoup plus favorables que l'Angleterre, qui imposait à l'entrée de ces fers des droits fort élevés. Les marchés à longs termes avaient donc une très-grande importance pour l'industrie anglaise, pour le cas où les aciéries françaises, sortant de la voie fausse où elles étaient engagées (voir le §II, p.101), auraient voulu suivre celle où prospéraient les aciéries de la Grande-Bretagne. Pour les autres fers exportés de Stockholm, il existait ordinairement, ainsi que cela a lieu aujourd'hui, deux intermédiaires entre le fabricant suédois et le fabricant anglais : l'un à Stockholm, qui passait des marchés avec les forges; l'autre à Hull, qui vendait les fers en détail aux fabricants du Yorkshire.

Modifications récentes au mode de vente.

Ces habitudes commerciales, entretenues par les restrictions que les règlements et la nature des choses opposaient à l'essor des forges suédoises, par l'accroissement lent et progressif des aciéries anglaises et par l'absence de toute concurrence établie en dehors de l'Angleterre, ont été singulièrement modifiées depuis le commencement de ce siècle, et surtout dans ces dernières années. Depuis que le port de Götheborg est en communication avec le lac Wénern, il s'est créé, pour ainsi dire, de nouveaux groupes métallurgiques dans les provinces qui confinent à ce lac. Depuis ce temps, la production des fers à acier a presque toujours devancé les besoins des aciéries anglaises, et une puissante concurrence s'est organisée à Götheborg contre le commerce de Stockholm. Les maîtres de forges de cette région occidentale, sans cesse appliqués à supplanter leurs rivaux de la région opposée, ont généralement supprimé l'un des intermédiaires qui grèvent le commerce de Stockholm, et ont ouvert des relations directes avec les négociants de Hull et même avec les fabricants du Yorkshire : ceux de ces maîtres de forges qui ne peuvent s'occuper eux-mêmes du placement de leurs fers, confient leurs intérêts aux propriétaires des forges principales. Ces communications directes ont mis le producteur à même de connaître le jugement porté par le fabricant d'acier sur les défauts et les qualités de ses fers; elles ont donné lieu aux tentatives de perfectionnement que j'ai précédemment signalées, et contribué, dans une certaine mesure, à porter les fers de troisième ordre de Persberg, de Langban, de Taberg et d'Arendal, au rang distingué qu'ils occupent aujourd'hui.

Pourvues d'un large approvisionnement de fers à acier, les fabriques du Yorkshire ont pu suivre, depuis quinze ans, les allures véritablement désordonnées qu'ont pris, depuis cette époque, la plupart des grandes industries de la Grande-Bretagne. Stimulées à produire beaucoup pendant les époques de prospérité de l'industrie anglaise, les forges suédoises ont vivement ressenti le contre-coup des crises commerciales qui ont fait fermer, pendant plusieurs années, la moitié des ateliers du Yorkshire (1). Pour la première fois les inconvénients des marchés à très-longs termes se sont fait sentir : d'une part, certains négociants anglais, compromis dans les crises, ne présentèrent plus aux maisons suédoises les mêmes garanties que par le passé ; de l'autre, ces mêmes négociants, ne trouvant plus le placement de leurs fers, élevèrent des contestations jusque-là sans exemple sur la qualité des fers qui leur étaient livrés, et y trouvèrent des prétextes pour rompre les marchés ou pour en modifier l'exécution. Peu à peu on reconnut la convenance de renoncer aux marchés à longs termes : les exporteurs de Göthebørg toujours à la tête du mouvement, ont tous aujourd'hui, la complète disposition de leurs fers. Les habitudes se sont également modifiées à Stockolm : plusieurs fabricants s'occupent eux-mêmes de l'exportation de leurs fers ; les marchés à longs termes ont été suprimés, même pour les fers de Danemora ; les fabricants des secondes marques et même de deux marques de premier rang disposent maintenant de leurs produits ; et pour les autres premières marques, les marchés n'ont été renouvelés, dernièrement, que pour des termes de trois à cinq années.

---

(1) Mémoire sur la fabrication de l'acier en Yorkshire (*Ann. des mines*, 4e série, tome III, p. 687).

Les changements survenus depuis 1814 dans les conditions techniques et économiques des aciéries françaises ont singulièrement contribué à modifier les anciennes habitudes commerciales. Depuis le 21 décembre 1814, et par suite de quelques dispositions postérieures, les fers suédois sont soumis, à leur entrée en France, à un droit de douane fort élevé, et qui, pour 100 kilogr., varie, selon la dimension des barres, de 18f,15 à 45f,32 (1). Depuis la même époque, il s'est également produit en France un fait entièrement nouveau, la création et le développement d'aciéries essentiellement fondées sur l'élaboration des fers suédois. Les fabricants de fers à acier ont bientôt compris que la concurrence des aciéries françaises les affranchirait sûrement de la dépendance exclusive qui jusqu'alors avait pesé sur eux ; ils ont été dès lors moins disposés à se lier avec l'Angleterre par des marchés à longs termes. Tout récemment l'impulsion donnée, dans le bassin de la Loire, aux fabriques d'acier fondu, et la création d'aciéries importantes dans l'Amérique du Nord, ont converti cette disposition en un système arrêté. D'un autre côté, les négociants anglais n'ont plus aujourd'hui, à la conservation des marchés à longs termes, l'intérêt qu'ils devaient précédemment y attacher. L'inégalité qui existait autrefois dans les tarifs est complétement intervertie aujourd'hui

Influence des relations récentes établies avec la France.

(1) Ces droits sont payes sur les fers importés en France par navires étrangers ; les droits imposés sur les fers importés par navires français ne varient respectivement que de 17f,50 à 41f,25 ; mais dans les cas assez rares où les fers sont importés par navires français, ce n'est pas l'acheteur de fers étrangers, mais l'armateur français qui profite de la différence établie par le tarif.

au détriment du fabricant français. D'une part, le tarif français a été quadruplé et décuplé; de l'autre, le tarif anglais a été graduellement diminué, à mesure que se développaient les aciéries françaises, aux époques indiquées ci-après :

	par ton. ang.			par q m.
	l.	s.	d	fr.
De 1814 au 2 juillet 1819.	6	9	10	16,11
Du 2 juillet 1819 au 14 juin 1825. . .	6	10	»	16,13
Du 14 juin 1825 au 4 juillet 1842. . .	1	10	»	3,72
Du 4 juillet 1842 au 8 mai 1845. . . .	1	»	»	2,48
Depuis le 8 mai 1845.	Libre entrée.			Libre entrée.

Les aciéries françaises, lorsqu'elles pourront s'approvisionner librement de la matière première indispensable à leur industrie, ne trouveront donc plus la prime que leur aurait assurée l'ancien tarif anglais; la suppression des marchés exclusifs qui existaient autrefois les placera du moins dans les conditions d'une complète égalité.

Commerce récent établi avec l'Amérique du Nord.

J'ai dit précédemment que des relations s'étaient ouvertes tout récemment entre la Suède et l'Amérique du Nord, pour le commerce des fers à acier. Ce fait renferme un haut enseignement pour la France, et je crois utile d'y insister.

L'Amérique du Nord, où abondent des minerais riches et variés dans des contrées qui, vers le milieu du siècle dernier, étaient couvertes d'épaisses forêts, est la région du globe où l'industrie anglaise a fait les efforts les plus puissants et les plus soutenus, pour produire des fers à acier, à l'époque où elle perdait l'espoir d'obtenir sur le sol britannique un large approvisionnement de fers au bois. Les premiers effets de cette tendance se manifestèrent au commencement du XVIIIe siècle. Le fer des colonies étant soumis à un tarif assez élevé, tandis que la fonte était admise moyennant un simple droit de balance, c'est sous cette dernière forme que les fers de l'Amérique du Nord furent constamment importés en Grande-Bretagne, jusqu'à l'époque de la révolution. L'importation, qui n'était que de 11.700 q. m. en 1728, fut de 26.100 q. m. en 1734; de cette époque jusqu'à 1775, elle resta ordinairement comprise entre 25.000 et 35.000 q. m. Le maximum de l'importation fut de 53.900 q. m., et correspond à l'année 1771. Malgré les tentatives répétées qui furent faites dans cette période sur les fers provenant de fontes préparées, soit avec les meilleurs minerais oxydulés des États de New-York, de New-Jersey, de Pensylvanie, soit avec les excellentes hématites brunes qui existent dans les mêmes États et surtout dans celui de Connecticut, on ne put obtenir les qualités qui étaient indispensables aux aciéries, et l'importation des fers à acier du Nord ne cessa de s'accroître. Ces essais, momentanément interrompus à la suite de la révolution américaine, furent repris, avec non moins d'ardeur, au commencement de ce siècle; quelques succès furent d'abord obtenus, et vers 1830 il existait, dans les États de New-York, de New-Jersey et de Pensylvanie, plusieurs aciéries de cémentation alimentées en grande partie par des fers indigènes obtenus de minerais oxydulés, à l'aide d'une méthode directe analogue à celle des Pyrénées. A la suite de la crise commerciale de 1842, les fers à acier de Suède qui ne trouvaient pas de placement en Angleterre, ayant été dirigés pour essai en Amérique, les fabricants de ce pays ne tardèrent pas à apprécier la supériorité que présentaient ces fers sur les sortes communes de Suède, les seules qui eussent paru jusqu'alors sur le marché, et même sur les meilleurs fers du pays. Depuis ce moment, les aciéries d'Amérique paraissaient prendre leur essor. Vers le milieu de l'année dernière, il existait dans l'Amérique du Nord 18 fourneaux de cémentation actifs, qui élaboraient annuellement 24.600 q. m. de fers à acier, dont moitié environ provenait de la Suède et de la Norwége. Les principales expéditions ont été faites par les forges de Norwége et par celles du Wermland. Jusqu'à ce jour, les aciéries d'Amérique ne paraissent pas avoir reçu de fers de Danemora; les marques de troisième rang de la Norwége étaient vendues, vers le milieu de l'année dernière, à New-York, 107 dollars la tonne, lorsque le prix des fers à acier d'origine indigène ne dépassait pas 86 dollars (1).

(1) Les Etats-Unis d'Amérique consomment annuellement environ 2.100.000 q. de fer, dont le tiers importé des pays étrangers, et fourni presque entièrement par l'Angleterre et par la Suède. Le travail des forges américaines est encore essentiellement fondé sur l'emploi du charbon de bois. Ces forges produisent en abondance des sortes supérieures de fers qui sont employées avec grand succès pour la fabrication des tôles fines, du fil de fer, des ancres, des câbles, des vis à bois, des essieux de wagons, etc., et qui se vendent généralement à des prix supérieurs de 25 et même de 50 pour 100 aux prix des fers suédois de qualité ordinaire. On fabrique même à Salisbury, dans le comté de Lichfield (Connecticut), des fers provenant de minerais hydratés qui, par leur ténacité, paraissent, avec certains fers de l'Est de la France et du Pays de Luxembourg, se placer au premier rang de tous les fers connus : comme ces derniers aussi, ils sont employés pour la fabrication d'excellents canons de fusil, et se vendent 100 pour 100 au-dessus du prix des fers ordinaires de Suède. Ces faits me semblent devoir fixer l'attention des personnes qui auront à trancher les questions que soulève en France la modification du tarif des

Les aciéries américaines n'emploient pas de fers russes, bien qu'on importe de Russie en Amérique des tôles et des fers de choix pour la fabrication des harpons de pêche, des pelles à terre, des clous de cheval, etc.

Anciennes relations avec le Danemarck.

Les anciennes relations qui existaient entre le Danemarck et la Norwége se sont continuées en grande partie, malgré la réunion de ce dernier royaume à la Suède : aussi les forges à acier de la Norwége expédient-elles en Danemarck tout le fer qui y est converti en acier pour diverses fabrications, et notamment pour celle des faux. Les fers de Norwége paraissent se partager seulement entre le Danemarck et l'Amérique du Nord. La marque norwégienne, qui est signalée dans mon mémoire de 1843 parmi les fers employés dans le Yorkshire, y était seulement introduite pour essai à l'époque où je visitai cette contrée pour la dernière fois. Elle n'a pu s'y soutenir au prix demandé : il paraît qu'aujourd'hui elle a tout à fait disparu de ce marché.

Résumé sur le commerce des fers à acier de la Scandinavie.

En résumé, les fers à acier produits en Suède et en Norwége en 1845 se sont répartis à peu près ainsi qu'il suit entre les divers pays où existent des aciéries de cémentation :

---

fers à acier. Les résultats obtenus en Amérique après un siècle et demi d'efforts, prouvent au moins que la fabrication des fers à acier avec les minerais qui, à tout autre point de vue, seraient réputés les meilleurs, n'est pas un problème facile à résoudre.

	q. m.
Grande-Bretagne	162.400
Suède	86.100
France	13.300
Etats-Unis d'Amérique	13.200
Danemarck	5.000
Allemagne du Nord, Hollande, Italie, etc.	4.000
Total égal à la production	284.000

Aperçu historique sur le développement récent des usines à fer de Russie.

L'importance commerciale des usines à fer de Russie date des premières années du XVIIIe siècle. Mais cet empire se trouvait alors dans les mêmes conditions où la Suède est encore aujourd'hui. La production des usines élevées dans les monts Ourals par le génie créateur de Pierre le Grand eut bientôt dépassé les besoins du marché intérieur; les usines qui furent créées en grand nombre jusqu'à la fin du même siècle, ne purent donc prospérer qu'à la condition d'exporter leurs fers sur les marchés étrangers. Cette tendance des usines russes coïncida précisément avec l'essor des aciéries anglaises et avec la décadence des forges alimentées en Angleterre par le charbon de bois. Obligée de renoncer à la fabrication du fer forgé au moyen du bois, et n'ayant point encore constitué la fabrication à la houille, l'industrie anglaise accueillit avec faveur des fers qui lui assuraient une nouvelle source d'approvisionnement. Ainsi secondée par l'opinion publique, la concurrence des fers russes devint chaque année plus redoutable

Prépondérance des exportations russes pendant le dernier siecle.

pour la Suède. Les fers russes, qui avaient paru pour la première fois en Angleterre en 1716, formaient déjà en 1731 un article important de commerce. Pendant la seconde moitié du dernier siècle et le commencement de celui-ci, l'importation des fers de Russie l'emporta constamment et souvent de beaucoup sur la somme des importations de Suède et de Norwége. Le maximum de l'importation des fers russes correspond à l'année 1793; il s'éleva à 366.620 q. m., tandis que, la même année, la somme des importations de Suède et de Norwége ne dépassa pas 230.030 q. m. Des faits analogues se manifestèrent sur tous les marchés ouverts aux fers étrangers, particulièrement en Hollande, en France, aux États-Unis d'Amérique, etc.

Diminution rapide des exportations russes.

Mais les développements inouïs qui ont été donnés, depuis le commencement de ce siècle, à l'agriculture et à l'industrie de l'empire russe ont complétement modifié cet état de choses. Un tel changement, dans un si court intervalle, est un des faits les plus remarquables que présente l'histoire du commerce du fer : c'est le résultat d'un ensemble de causes que je vais signaler succinctement.

Vers la fin du siècle dernier, presque toutes les usines qui existent aujourd'hui dans l'empire avaient été créées dans les localités qui offraient pour ce genre d'industrie des conditions favorables, et leur production avait été portée au taux que comportaient les ressources forestières du pays. Depuis lors, la production, limitée par la nature des choses, par les règlements d'administration publique et par plusieurs causes que j'indiquerai plus loin, est restée à peu près stationnaire, et, d'un autre côté, la consommation du fer n'a cessé de s'accroître dans la même proportion que tous les éléments de l'activité nationale.

Accroissement de la consommation intérieure.

L'une des causes qui paraît avoir le plus influé sur l'essor de la consommation du fer en Russie est l'établissement des grandes fabriques de tôle de l'Oural et de la Haute-Kama, et la propagation de l'emploi de ce produit. La préparation des tôles fines et moyennes a été poussée, en Russie, à un tel degré de perfection, que cette substance est devenue d'un usage général pour la fabrication d'une foule d'ustensiles de l'économie domestique et industrielle, pour l'art de la fumisterie, pour la couverture des maisons, etc. C'est sous cette forme que s'expédie en grande partie le fer que la Russie envoie encore aujourd'hui dans l'Amérique du Nord.

Depuis une dizaine d'années les exploitations d'alluvions aurifères ont pris, dans l'Oural et dans la Sibérie orientale, un développement jusqu'ici sans exemple : on en donnera une idée par ce seul fait que, cette année, la valeur de l'or produit atteindra vraisemblablement 90 millions de francs. Obligée d'opérer avec une population très-limitée sur d'immenses quantités de matière (1), cette nouvelle branche d'industrie minérale a dû demander tout à coup un grand nombre d'outils et d'objets en fer; elle a dû recourir en outre aux machines à vapeur et à un ensemble de moyens mécaniques qui exigent l'emploi d'une grande quantité de ce métal. Il en est résulté tout à coup pour certaines usines un débouché fort important.

Dernièrement enfin, la construction du chemin

---

(1) Beaucoup d'alluvions exploitées avec profit dans l'Oural tiennent seulement 1 partie d'or dans 2 millions de parties de matières terreuses ou pierreuses. J'ai vu traiter des résidus déjà travaillés à une époque antérieure, et qui ne tenaient pas plus que 1 partie sur 4 millions. Les exploitations de cette annee conduiront à extraire, transporter ou manipuler environ 50.000.000 de tonneaux. C'est beaucoup plus que le poids des matières extraites et élaborées par les houillères et les usines à fer de la Grande-Bretagne.

de fer de Saint-Pétersbourg à Moscou, aujourd'hui achevé en grande partie, a donné lieu de constater que la consommation ordinaire de l'empire est à peu près en équilibre avec les moyens de production des forges indigènes. Le gouvernement russe attachait une grande importance à ce que les rails et toutes les fournitures métalliques exigées par cette nouvelle voie fussent fabriqués en Russie. Le cahier des charges imposa aux constructeurs du chemin l'obligation d'employer des rails russes à un prix qui excédait de 66 p. o/o le prix auquel les rails pouvaient être achetés hors de Russie. Les propriétaires de forges répondant à l'appel du gouvernement, s'associèrent pour créer une usine centrale dans laquelle on étudia, sur les fers produits dans les principaux établissements de l'Empire, les méthodes métallurgiques qui étaient le mieux appropriées à la nature des forges russes. Ces méthodes furent mêmes appliquées dans plusieurs forges, et j'y ai vu en 1844 des rails qui offraient déjà la plupart des caractères d'une excellente fabrication. Mais l'expérience qui fut ainsi faite des quantités de combustible exigées par cette nouvelle industrie, démontra aussitôt que les ressources forestières dont chaque forge dispose, ne permettraient pas de suffire aux consommations de l'ancienne et de la nouvelle clientèle : bien que le sentiment national eut été vivement excité à la pensée d'admettre en Russie les rails étrangers, aucune forge ne put se charger de participer à la fourniture des rails du chemin de fer de Moscou : et celle-ci a dû être faite exclusivement par les forges étrangères. Par suite de cette circonstance les exportations de fer de Russie auront été, dès l'année 1843, inférieures aux importations.

Comparaison des exportations de fer de la Suède et de la Russie de 1711 à 1843.

Le tableau suivant, où se trouvent indiquées les importations de fer faites en Grande-Bretagne à diverses époques, depuis le commencement du XVIIIe siècle, par la Suède et la Norwége, par la Russie, et par les divers autres pays, résume à beaucoup d'égards les faits que je ne puis indiquer ici que très-sommairement. Il montre que pendant toute la durée du siècle dernier, les importations de fers du Nord ont rapidement augmenté, non-seulement pour alimenter les aciéries, mais surtout pour combler le vide que laissait, dans tous les autres emplois, la décadence des forges au bois de la Grande-Bretagne. Depuis le commencement de ce siècle, au contraire, les fers anglais préparés en tout ou en partie au moyen de la houille, ont peu à peu remplacé les fers au bois du Nord pour tous les usages autres que la fabrication de l'acier; l'importation des fers du Nord a donc constamment diminué jusqu'en 1820, bien que, dans le même intervalle, la consommation des aciéries n'eut cessé de s'accroître. A dater de 1820, l'importation des fers du Nord, suivant le progrès des aciéries, contrariée toutefois, pour les sortes inférieures, par la concurrence de quelques fers au bois d'Angleterre, a constamment suivi les phases du développement des aciéries. Le même tableau indique aussi très-clairement que jusqu'en 1793 l'importation des fers russes a augmenté dans une progression beaucoup plus rapide que celle des fers suédois. Dans les périodes suivantes, et jusqu'en 1843, l'importation des fers russes n'a cessé de décroître; et, ce qui est remarquable, c'est que ce mouvement rétrograde s'est accéléré, lors même que l'importation des fers suédois éprouvait de nouveau un accroissement considérable.

TABLEAU des quantités de fers importés, de divers pays, en Grande-Bretagne pour la consommation intérieure, de 1711 *à* 1843.

ANNÉES.	QUANTITÉS IMPORTÉES de Suède et de Norwége.	de Russie	de tous les autres pays.	TOTAL.	OBSERVATIONS.
	q. m.	q. m	q. m	q. m.	
1711	60.000	»	15.240	75 240	Les chiffres relatifs aux années 1711 à 1732 ne comprennent pas l'importation certainement très-faible, qui avait lieu en Écosse.
1716	79.070	350	8.560	87.980	
1730	104.590	3.640	6.850	115.080	Pour les années comprises de 1786 à 1799, l'importation en Écosse a varié de 42 490 q. m. à 59.460 q m On ne connaît pas pour ces quatre années l'origine de cette partie de l'importation : on a supposé qu'elle avait les mêmes sources que celle qui a été faite, les mêmes années, dans les autres parties de la Grande-Bretagne
1731	91.570	13.270	6.120	110 960	
1732	81.910	32.830	8 610	123.350	
1754	241.370	62.720	22.880	326.970	
1755	198.080	101.802	13.800	312.960	
1762	»	»	»	342.890	
1775	»	»	»	443.470	Pour obtenir les quantités de fers étrangers consommés en Grande Bretagne, de 1836 à 1843, on a déduit de la quantité totale importée, la quantité relativement faible réexportée dans d'autres pays On a supposé que les fers ainsi réexportés avaient la même origine que les fers importés pour la consommation intérieure
1786	200.820	289.640	2.960	493.420	
1789	230.770	279.050	8.780	518.600	
1793	230.030	366.620	2.400	599.050	
1796	212.730	325.860	2.700	541.290	
1799	196.410	234.410	60.220	491 040	
1820	»	»	»	79.030	Les importations suédoises, restreintes, à la suite des importations exagérées de 1841, par la crise commerciale qui a régné en 1842 et en 1843, ont repris en 1844 leur mouvement ascendant. En 1845 elles auront certainement dépassé 160 000 q m
1836	141.900	62.000	2.060	205 060	
1837	102.880	62.260	4.060	169.200	
1838	131.220	53.200	4.930	189.350	
1839	142.120	26.860	1.020	170.000	
1840	114.320	21 880	550	136.750	
1841	176.280	30.520	830	207.630	
1842	138.550	28.810	4.110	171 470	
1843	83.030	11.610	580	95 220	

Aux renseignements contenus dans ce tableau, il convient d'ajouter la mention d'un fait qui prouve combien les conditions commerciales de la Russie se sont modifiées depuis un demi-siècle. L'Angleterre qui, en 1843, n'a reçu de la Russie, pour la consommation intérieure et pour la réexportation, que 16.540 quint. métr. de fer, y a importé au contraire cette même année, 115.306 quint. métr. de ce même métal.

Deux gîtes de minerais propres à la production des fers à acier : Vouissokogorsk et Boulan.

On ne connaît en Russie que deux gîtes de minerais produisant des fers propres à la fabrication de l'acier. Beaucoup de fers provenant d'autres minerais ont été essayés à Nijni-Novogorod dans le principal groupe d'aciéries de cémentation de la Russie : ces essais que conseille naturellement au fabricant le bon marché des marques communes, se poursuivent en Russie depuis 1764, date de la fondation des aciéries de Nijni-Novogorod. Ils ont constamment eu pour résultat de faire rejeter par les aciéries tous les fers autres que ceux des deux gîtes que je signale : aussi, en 1844, sur une quantité totale de 25.400 quint. métr., élaborée par les aciéries de Nijni-Novogorod, les deux gîtes de minerais de fer à acier ont-ils fourni 24.500 q. m.

Le gîte le plus considérable est un puissant dépôt de fer oxydulé, situé sur le revers oriental ou sibérien des monts Ourals, à 50 kilom. environ de la ligne de faîte, par le 58e degré de latitude nord, à 130 kilom. environ au nord de la ville d'Ékatérinebourg. Ce gîte, connu dans le pays sous le nom de *Vouissokogorsk*, est divisé en six concessions, qui appartiennent à autant de propriétaires. Les minerais, fusibles sans addition, sont ordinairement fondus dans de très-grands hauts fourneaux au charbon de bois, qui rendent jusqu'à 20.000 kil. de fonte en 24 heures. La fonte est également affinée au charbon de bois par une méthode particulière à la chaîne de l'Oural, et qui se distingue surtout, au premier aspect, de celles qu'on pratique dans l'ouest de l'Europe, par la quantité considérable de fonte (160 à 337 kilogr.) affinée dans chaque opération. L'affinage et l'étirage du fer sont toujours opérés dans le même feu. Comme les méthodes suédoises employées pour la fabrication des fers à acier, la méthode sibérienne consomme beaucoup de combustible : pour une partie de fer de bonne qualité, cette consommation atteint ou dépasse trois parties. La consommation de fonte, plus considérable que dans les méthodes suédoises, monte à 1,50 pour 1,00 de fer obtenu.

Le deuxième gîte est exploité sur le versant européen des monts Ourals, à 50 kilomètres du point où l'Iourzen est déjà navigable, par le 55e degré de latitude nord, à 280 kilomètres environ au S.-O. d'Ékaterinebourg. Situé sur les bords du *Boulan*, affluent de l'Iourzen, dont les eaux se jettent successivement dans l'Oufa, la Biélaïa et le Wolga, ce gîte est divisé en trois concessions ; le minerai composé principalement de fer oxydé hydraté, fusible avec une addition de 6 p. 100 de carbonate de chaux, rend en grand de 62 à 64 p. 100 de fonte : il est fondu dans de grands hauts-fourneaux qui produisent de 10.000 à 16.000 kil. de fonte en 24 heures. La fonte est affinée comme dans le groupe de Vouissokogorsk, avec les mêmes consommations en fonte et en combustible.

Les fers à acier ne constituent pas en Russie une fabrication spéciale.

Les métallurgistes de l'Oural n'ont jamais au reste établi de différences entre la fabrication des fers à acier et celle des autres sortes de fer : cette industrie n'a jamais constitué pour eux une spécialité, et le nom même de *fer à acier* est complétement inconnu dans la langue métallurgique de l'Oural; les forges n'introduisent donc sous ce rapport aucun classement dans leurs produits : sur le marché de Nijni-Novogord, à l'époque de la grande foire qui y réunit les peuples commerçants des régions contiguës de l'Europe et de l'Asie, toutes les barres provenant d'une même forge sont vendues indistinctement et au même prix, soit pour la fabrication de l'acier, soit pour tous les autres emplois auxquels convient cette sorte de fer.

Il n'existe aucun moyen direct d'apprécier la quantité de fer à acier qui est annuellement livrée au commerce par les forges russes : celles de ces forges qui fabriquent ce fer, n'établissant ni choix dans les sortes, ni différence dans les prix, n'ont elles-mêmes aucun moyen de connaître la destination qui est donnée à leurs produits. Les seuls documents auxquels on puisse avoir recours pour estimer la quantité de fers à acier livrés par la Russie sont donc : la production totale des forges où se produisent accessoirement les fers de cette sorte; la quantité et la provenance des fers russes employés par les aciéries indigènes et étrangères. De ces documents présentés ci-après, on conclut que les fers à acier n'entrent que pour un vingt-cinquième dans la production totale des forges russes et pour un dixième environ dans la production totale des deux groupes alimentés par les minerais de Vouissokogorsk et du Boulan.

Production totale des 2 groupes où se fabriquent accessoirement des fers à acier.

Les hauts-fourneaux et les forges qui traitent les minerais de Vouissokogorsk ont été construits de 1702 à 1788, c'est-à-dire pendant la période de développement de l'ensemble des usines à fer de Russie. A cette dernière époque, le nombre des usines avait atteint et même dépassé le terme que comportaient les ressources forestières de cette région : et depuis lors la production du fer y a subi un décroissement notable. En 1816 et en 1825, à la vérité, de nouveaux hauts-fourneaux ont été élevés dans la propriété d'Alapaevsk, l'une de celles qui participent à la concession de Vouissokogorsk. Mais pour donner un affouage en charbon à ces nouveaux appareils, il a fallu les établir en Sibérie en dehors de la région des forges de l'Oural, à plus de 150 kilom. à l'est de la ligne de faîte. Le tableau suivant indique le nom et la production totale annuelle des six groupes partiels de forges entre lesquelles la concession de Vouissokogorsk est divisée; on y a indiqué les dates de la construction des divers hauts-fourneaux qui en dépendent : ces dates concordent, comme on voit, parfaitement avec le progrès de l'importation des fers russes en Grande-Bretagne.

			q. m
Usines de	Werkhné-Isselsk.	1716-1726-1747-1762-1773	110.500
Idem	Nijni-Taguilsk.	1725-1784	71.900
Idem	Alapaevsk.	1775-1816-1825	65.800
Idem	Néviansk.	1702 (1)-1788	52.500
Idem	Souksounsk.	1720-1783	38.000
Idem	Revdinsk.	1734	28.600
		Total.	367 300

Il paraît qu'à aucune époque les fers produits

(1) L'usine de Néviansk avait été construite dès 1669 ; mais la prospérité de cet établissement et l'origine de la métallurgie du fer de l'Oural ne datent réellement que de 1702, époque où cette forge fut concédée par Pierre-le-Grand à Nikita Antonfieff Démidoff.

dans ce groupe n'ont été exclusivement fabriqués avec les minerais de Vouissokogorsk. On a toujours associé ceux-ci à une grande proportion de minerais hydratés; dans plusieurs forges même, notamment dans celles de Revdinsk, de Souksounsk et d'Alapaevsk, ces derniers minerais ont toujours été très-dominants. Le désir d'améliorer la fabrication des produits spéciaux à ce groupe de forges, la raison d'économie et enfin l'insuffisance des concessions de Vouissokogorsk, sont les principaux motifs qui ont conduit les exploitants à entreprendre ces mélanges. Les directeurs des grandes forges de l'Oural, ne s'étant jamais préoccupés spécialement de la fabrication des fers à acier, ne se sont point appliqués à apprécier sous ce rapport l'influence des diverses associations de minerais; ils n'ont donc point, comme les Suédois, d'opinion arrêtée à cet égard. Mais cette influence, en ce qui concerne la fabrication de leurs produits principaux, et par exemple celle des tôles, leur est parfaitement connue. Leur jugement, rapproché de la connexion intime qui me paraît exister entre les qualités caractéristiques des tôles russes et celles des fers à acier, conduit aux mêmes conclusions que l'expérience des Suédois : il semble démontrer que la propension aciéreuse est surtout communiquée aux fers de ce groupe par les minerais provenant de certaines régions très-restreintes du gîte de Vouissokogorsk.

Les trois usines alimentées par les mines du Boulan ont été construites de 1757 à 1761. Les fers à acier ne forment également que la moindre partie de leur production : celle-ci s'élève moyennement, pour chaque forge, aux quantités indiquées ci-après :

		q. m.
Simsk.	1761.	31.900
Katav-Ivanovsk. .	1757.	23.700
Jourzen-Ivanovsk.	1759.	22.900
		78.500

Ces forges, comme on l'a dit, exploitent, dans des concessions différentes, les dépôts ferrifères du Boulan; on compose même, dans chacune d'elles, des mélanges assez complexes de minerais. A cela près, les trois usines emploient les mêmes moyens de fabrication : les différences établies (voir p. 81) par les aciéries de Nijni-Novogorod et de Sheffield, dans la valeur de leurs fers, offrent donc une nouvelle preuve de l'influence qu'il faut attribuer à la qualité des minerais.

La révolution commerciale dont j'ai signalé les principaux résultats pour l'ensemble du commerce des fers, s'est accomplie particulièrement dans les forges qui sont en position de produire les meilleurs fers à acier, et la décroissance des exportations de fers en barres s'est surtout fait sentir dans le groupe de Vouissokogorsk.

Causes de la diminution des exportations de fers en barres de Vouissokogorsk.

Ce furent les fers de Néviansk qui pénétrèrent les premiers sur les marchés de la Grande-Bretagne; dès l'origine de l'importation, en 1716, les Anglais en apprécièrent les bonnes qualités pour la plupart des usages. Il en fut de même successivement des autres fers de Vouissokogorsk qui, pendant toute la durée du XVIIIe siècle, dominèrent sur le marché. Une faible quantité de ces fers employés dans les aciéries était classée au niveau des marques suédoises de 3e et de 4 rang. Mais aujourd'hui la marque de Néviansk, qui était, il y a peu de temps encore, cotée sur toutes les listes de prix courants, paraît ne plus venir en Angleterre; la plupart des autres marques se sont également éloignées de ce marché, parce que chaque jour l'activité des forges de ce groupe trouve à s'exercer dans une direction plus avantageuse.

Les principales forges qui ont part à la concession du gîte de Vouissokogorsk, savoir: Werkhné-Issetsk, Nijni-Tagu'lsk, Néviansk, sont de toutes les propriétés particulières de l'Oural, celles où, depuis 1825, on extrait les plus grandes quantités de métaux précieux. Pour chacune des deux premières, la production annuelle de l'or a souvent été comprise entre 820 et 980 kilogr.; dans la seconde, pendant ces dernières années, la production annuelle du platine a presque toujours dépassé 1.600 kilog. Dans les trois propriétés réunies la quantité de minerai extraite et élaborée pour la production des métaux précieux, a dépassé ordinairement 20 millions de quintaux métriques, et il a fallu en outre extraire et transporter plus de 30 millions de quintaux de matières stériles. C'est également dans les propriétés les plus voisines du gîte de Vouissokogorsk, qu'ont été découvertes depuis 1813 les plus riches mines de cuivre de la Russie. On conçoit donc que l'activité de la population, et les matières brutes produites par le sol, combustibles, bois, fers, etc., aient été, depuis ces mémorables découvertes, appliquées de préférence à l'extraction des métaux d'une haute valeur, dans une contrée si éloignée des marchés d'Europe.

Depuis 1840, les exploitations aurifères de la Sibérie centrale s'étant développées dans une contrée dépourvue de fer, plus rapidement encore que les exploitations de l'Oural, les usines à fer de ce dernier district trouvèrent tout à coup, dans la Sibérie même, un débouché considérable. Tobolsk devint un marché important pour les fers bruts, pour les fers ouvrés sous forme de tôles, clous, pelles à terre, pioches, machines à laver et à débourber, pour les machines à vapeur, etc. Ce débouché fut naturellement acquis aux principales forges du groupe de Vouissokogorsk, qui sont les plus rapprochées de cette ville et qui sont situées sur des rivières navigables dont les eaux passent à Tobolsk même.

Mais la circonstance qui a le plus influé sur la direction imprimée aux travaux des forges de Vouissokogorsk est le développpement extraordinaire donné depuis cinq ans, dans ce district, à la production des tôles. Les minerais de Vouissokogorsk montrent des qualités si éminentes pour la fabrication des tôles de toute dimension et de toute épaisseur; celles-ci sont tellement recherchées dans tout l'empire et même sur tous les marchés étrangers où les tarifs de douane leur permettent de pénétrer, que les exploitants, en convertissant leurs fers en tôle, trouvent généralement un bénéfice de 50 p. o/o plus élevé que celui qu'ils obtiendraient en le vendant à l'état de barres (1). Si la consommation des tôles conti-

(1) La fabrication de la tôle est certainement l'une des branches les plus originales de la métallurgie des monts Ourals. Ce produit, qui s'y élabore surtout en feuilles de $1^{m},42$ sur $0^{m},71$, y a été porte à un degré de perfection absolument inconnu dans l'ouest de l'Europe. Cette haute qualité me paraît être liée intimement à la propension aciéreuse du fer, et la méthode de l'Oural n'est en quelque sorte qu'un nouveau moyen de mettre en jeu cette propriété. Les métallurgistes du groupe de Vouissokogorsk,

nue à prendre le même essor, les forges de Vouissokogorsk élaboreront très-prochainement sous cette forme, la totalité des fers qui ne seront pas impérieusement réclamés par la consommation locale, ou par les exploitations aurifères de la Sibérie centrale. Déjà les usines de Verkhné-Issetsk, les plus importantes de ce groupe, ont accompli cette révolution dans leurs moyens de fabrication : la forge de Régevsk qui en dépend, construite récemment en vue de la nouvelle fabrication, et où s'élaborent annuellement 25.000 quint. métr. de fers, est certainement aujourd'hui la plus belle tôlerie de l'Europe. Dans les usines de Nijni-Taguilsk, elle était déjà fort avancée, puisque pendant les années précédentes on n'avait préparé, sous forme de grosses barres et d'objets destinés à la consommation sibérienne, que le tiers de la production totale. Lorsque je visitai les forges d'Alapaevsk, on venait d'y établir une puissante turbine qui donnait le mouvement à deux laminoirs à tôle : la production annuelle de ce produit y était déjà portée à 16.000 q. m.

Cette tendance des forges de Vouissokogorsk favorisée par un ensemble remarquable de condi-

---

et à leur tête M. Alexis Jacovleff, ont été conduits à exploiter de cette manière les utiles qualités de leur minerai, parce que, d'une part, dans l'est de l'Empire, en Perse, en Boukharie, etc, où se consomment surtout les aciers russes, on recherche beaucoup plus le bon marché que la qualité du produit, et que, de l'autre, dans toute la Russie, on attache une grande importance à la fabrication des tôles de qualité supérieure. C'est par ce motif que, toute déduction faite à raison des frais spéciaux de fabrication, le bon fer à acier de Russie se paye sous forme de tôle, sur les marchés indigènes et étrangers, beaucoup plus cher que sous forme de barres brutes.

tions techniques et commerciales, a été en grande partie commandée par leur position même. Ces forges, en effet, situées en Sibérie à des distances du sommet de l'Oural, qui varient de 50 à 150 kilomètres, se trouvent, par comparaison avec les forges établies sur le versant opposé de la chaîne, dans des conditions relativement défavorables pour exporter leurs produits en Europe. Ceux-ci doivent franchir les montagnes par des routes de terre et par des cols plus ou moins élevés pour aller chercher, vers l'Ouest, au pied de l'Oural, les cours d'eau à l'aide desquels on doit les transporter sur les principaux marchés de l'empire. Les forges ont donc un grand intérêt à employer ou à vendre sur place leurs fers pour la production de métaux de plus grande valeur, puis à façonner autant que possible, afin d'en accroître la valeur marchande, tous les fers qui ne peuvent trouver emploi en Sibérie. La fabrication des tôles remplit parfaitement ce but dans le groupe de Vouissokogorsk.

La même révolution commerciale est moins avancée pour les fers du Boulan.

Les forges alimentées par la mine du Boulan sont dans des conditions géographiques et dans des conditions commerciales assez différentes. Elles sont placées complétement en dehors de la région aurifère, et l'on ne connaît, jusqu'à présent, dans leur territoire, aucun métal plus précieux que le fer; elles ne peuvent concourir avec les forges situées sur le versant oriental de l'Oural pour fournir le fer, les objets de ferronnerie et les machines, aux exploitations aurifères de la Sibérie centrale. En revanche, situées sur des cours d'eau navigables affluents du Wolga, qui, dans les forges mêmes ou à peu de distance, portent déjà des barques chargées de 100 tonneaux, elles se trouvent mieux placées que les principales forges du groupe de Vouissokogorsk pour exporter des fers peu façonnés. Elles continueront donc vraisemblablement, plus longtemps que ces dernières, à exporter du fer en barres par la Baltique et par la mer Noire. Toutefois les forges de Boulan ne se sont jamais adonnées spécialement à la fabrication des fers à acier : elles ont en outre commencé, dans ces derniers temps, à fabriquer des tôles qui paraissent se classer immédiatement après celles de Vouissokogorsk.

De ces différences, dans les conditions techniques et commerciales propres à chaque groupe de forges, il est résulté que la diminution des exportations des fers russes dans les pays étrangers et notamment sur le marché de la Grande-Bretagne, s'est fait sentir moins vivement sur les fers du Boulan que sur ceux de Vouissokogorsk. Par les mêmes motifs, les fers de Vouissokogorsk qui étaient d'abord employés presque exclusivement par les aciéries de Nijni-Novogorod, y ont été peu à peu remplacés par ceux du Boulan. Les 25.400 quintaux de fers élaborés, en 1844, par les aciéries de ce district, avaient en effet l'origine et la valeur indiquées ci-après (1) :

(1) Ces sortes de renseignements sont aussi difficiles à recueillir en Russie qu'en Angleterre · c'est donc pour moi un devoir d'offrir ici un témoignage de reconnaissance à M. le prince d'Ouroussoff, gouverneur de la province de Nijni-Novogorod, qui, malgré les nombreuses occupations qu'entraînait le concours de tous les peuples réunis à la foire de Nijni, a bien voulu m'accompagner lui-même dans les principales aciéries, et seconder par son intervention personnelle les recherches dont je signale ici quelques résultats.

DÉSIGNATION DES MINES ET DES FORGES.		PRIX du poud.	PRIX du q. m	POIDS des fers à acier.	
		r.	fr.	q. m.	q. m
Fers du Boulan.	Iourzen-Ivanovsk	4,00	27,86	12.600	18.500
	Katav-Ivanovsk. .	3,80	26,46	5,000	
	Simsk.	3,80	26,46	900	
Fers de Vouissokogorsk.	Nijni-Taguilsk. . .	4,80	33,43	»	6.000
Fers divers.	Kinovsk.	3,30	22,98	600	900
	Nijni-Toura. . . .	3,60	25,07	150	
	Iougovsk.	3,40	23,68	150	
Total.					25.400

J'ai donné, dans mon mémoire sur les aciéries du Yorkshire, les prix courants des quatre marques russes qui étaient employées à Sheffield en 1842. Ces prix classaient les premières marques russes au niveau des marques suédoises de troisième rang : depuis cette époque, ainsi que je l'ai indiqué ci-dessus, la marque de Néviansk a disparu du marché : les prix que j'ai constatés cette année, en Suède, pour les marques analogues, me donnent lieu de penser que, pour les trois autres marques, les prix de 1842 ont peu varié et sont maintenant compris entre 16 et 18 liv. sterl. par tonne anglaise. Les quantités importées par chaque forge y sont vraisemblablement dans les mêmes rapports que sur le marché de Nijni-Novogorod.

Résumé sur la production des fers à acier en Russie.

La production des fers russes employés pour la fabrication de l'acier n'excède pas, aujourd'hui, 42.600 q. m. et se répartit probablement comme l'indiquent les chiffres suivants :

	q. m.	q. m.
Aciéries de Nijni-Novogorod.	25.400	34.300
Idem des autres parties de l'empire.	8.900	
Idem de Grande-Bretagne.		11.600
Idem de France.		2.700
		48.600

En résumé, pour les fers à acier, comme pour toutes les autres sortes de fer en barres brutes, les forges russes trouvent dans l'intérieur de l'empire leur principal débouché et ont à peu près renoncé aux marchés étrangers. Le développement extraordinaire que prennent les tôleries de l'Oural complétera vraisemblablement cette révolution d'ici à un petit nombre d'années. Si pendant quelque temps encore, la Russie doit continuer à exporter une faible quantité de fer, ce sera surtout sous forme de tôle, ainsi qu'il arrive déjà pour les exportations dans l'Amérique du Nord. C'est seulement sous cette forme que les fers russes restent jusqu'à ce jour sans rivaux sur les marchés neutres.

Différence dans la situation relative des forges de Suède et de Russie.

Le décroissement rapide des exportations de fers russes sur les marchés de la Grande-Bretagne et de l'Amérique du Nord s'explique naturellement quand on examine la situation relative des forges de Suède et de Russie.

La production du fer en Russie, limitée par la nature des choses et par l'essor des autres branches de l'industrie minérale, ne paraît point avoir dépassé, depuis le commencement de ce siècle, le total de 1.100.000 q. m., qui avait été atteint dès 1793. L'essor des forges suédoises, favorisé par les conditions que j'ai signalées, a été, au contraire, très-prononcé dans le même intervalle; de 1833 à 1843 seulement, la production suédoise a augmenté de 664.000 q. m. à 907.000 q. m.

En Suède, la quantité de fer consommée est moindre que le dixième de la production totale. Les forges n'y ont donc point d'autre alternative que de suspendre leur fabrication ou d'exporter leurs produits aux conditions que l'acheteur étranger veut bien fixer. En Russie, la consommation intérieure s'est rapidement accrue dans les derniers temps au point qu'à l'inverse de ce qui a lieu en Suède, elle comprend plus des 9/10 de la production, et règle exclusivement le prix des fers. La continuation des mêmes causes doit prochainement amener la cessation des exportations.

En ce qui concerne le commerce des fers à acier, les forges suédoises produisent des qualités supérieures qui sont restées sans rivales jusqu'à ce jour, et qui ont toujours trouvé en Grande-Bretagne un placement avantageux. Les meilleurs fers à acier de la Russie ne peuvent être assimilés qu'aux sortes moyennes de Suède, pour la fabrication de l'acier, mais elles présentent des qualités particulières pour la fabrication de tôles de choix, extrêmement recherchées en Russie et en Amérique (1), et qui jusqu'à ce jour n'ont pu être fabriquées ailleurs que dans les forges russes. Mal-

---

(1) J'estime qu'en 1844 les forges russes auront élaboré sous forme de tôle au moins le quart de leur production totale. Dès l'année 1841, sur une importation totale de 36.752 q. m. de tôle, les États-Unis d'Amérique avaient reçu :

	q. m.	q. m.
De Grande-Bretagne.	21.866	
De Russie.	14.108	36.752
D'autres pays.	778	

gré de profondes différences dans la constitution de la propriété, les forges russes et suédoises se trouvent à peu près dans les mêmes conditions économiques pour ce qui concerne les éléments principaux de la production. L'identité des conditions naturelles a conduit les exploitants de l'Oural et ceux de la Scandinavie à adopter le même régime pour l'exploitation des combustibles et l'organisation des transports, base essentielle de la production dans les deux contrées. Dans l'Oural, comme en Suède, la matière première ferreuse, sous les états successifs de minerai, de fonte, de massiaux, de barres brutes, doit souvent franchir des distances considérables pour aller chercher le combustible : dans le groupe de Vouissokogorsk, par exemple, le fer à l'état de minerai va souvent vers l'est dans les forêts de la Sibérie, à des distances comprises entre 60 et 130 kilomètres, pour recevoir la forme sous laquelle il doit être vendu. Ceux de ces fers qui sont destinés aux marchés d'Europe doivent ensuite revenir en sens inverse et franchir la chaîne de l'Oural. Tous ces transports se font exclusivement par voie de terre, au moyen du traînage et rarement du roulage. Les forges sibériennes sont dans de meilleures conditions que les forges suédoises par suite de la plus grande fertilité du sol et de l'abondance des vivres et des fourrages. Les forges suédoises, de leur côté, trouvent dans l'exploitation simultanée du bois d'œuvre et des combustibles, dans la multiplicité des lacs et des rivières propres au flottage et à la navigation, des avantages qui sont refusés aux forges de l'Oural ; en somme, les conditions techniques et économiques des deux groupes métallurgiques se balancent à beaucoup d'égards.

Mais les forges suédoises trouvent dans leur position géographique les moyens d'alimenter, avec un avantage décidé, tous les marchés où se consomment de grandes quantités de fer.

Situation avantageuse des forges suédoises pour le commerce d'exportation.

On a vu précédemment que la mine et les forges de Danemora, qui seules produisent des fers à acier de premier et de second rang, sont situées moyennement à 30 kilomètres de la mer. Pour les forges qui produisent les marques de troisième, de quatrième et de cinquième rang, la distance est souvent très-faible : jamais elle ne dépasse 200 kilomètres, et dans ce cas elle est presque exclusivement franchie au moyen d'excellentes voies navigables; dans ce cas aussi, les barques chargées se dirigent toujours dans le sens du courant. En Sibérie, les forges qui disposent des meilleurs minerais de fers à acier, doivent d'abord, pour trouver des voies navigables, faire franchir à leurs produits, exclusivement par voie de terre et par les cols des monts Ourals, des distances ordinairement comprises entre 100 à 200 kilomètres. Les cours d'eau qui amènent les produits dans les grands fleuves de la Russie centrale ne sont navigables que pendant quelques jours du printemps, à l'époque de la fonte des neiges. Parvenus au Wolga, les produits doivent d'abord remonter le cours de ce fleuve pour se rendre dans le système de rivières, de canaux et de lacs qui établit une communication entre ce fleuve et le port de Saint-Pétersbourg. Les produits qui, en moindre quantité, se rendent dans la mer Noire, à Odessa, descendent d'abord le Wolga jusqu'au point où ce fleuve passe à la moindre distance du Don : en ce point les barques de Sibérie sont déchirées, et les matériaux avec les métaux sont transportés par charretage jusqu'au Don, à 50 kilomètres environ. Là, les métaux sont chargés sur des radeaux, qui les amènent à Rostov, à la partie inférieure du fleuve ; transbordés à Rostov sur de petits bateaux, ils sont amenés au port de Taganrog ; de là enfin, chargés sur des navires dont le tirant d'eau est approprié à la faible profondeur de cette partie de la mer d'Azoff, ils sont dirigés sur Odessa. Les distances franchies de cette manière depuis le lieu d'embarquement, au pied des monts Ourals, dépassent 3.000 kilomètres pour les métaux dirigés sur Saint-Pétersbourg, et 4.000 kilomètres pour ceux dirigés sur Odessa. Parvenus à Saint-Pétersbourg, qui est le principal port d'expédition pour l'Europe occidentale et l'Amérique du Nord, les métaux ont à franchir, pour arriver à la mer d'Allemagne, 500 kilomètres de plus que ceux qui partent de Stockholm, et 1500 kilomètres de plus que ceux qui partent de Götheborg.

Il résulte de cet état de choses, que le minerai transporté aux forges suédoises par traînage pendant l'hiver, et qu'on passerait au fourneau dès le début de la campagne, lorsque les eaux commencent à abonder, pourrait être aisément converti en fer, et amené à Sheffield, dans un intervalle de six semaines. Dans les forges de Sibérie, au contraire, le fer fabriqué au début de la campagne (1) doit rester en magasin pendant une année, jusqu'à la première fonte de neiges, vers la fin d'avril ;

(1) La plus grande partie des fers est fabriquée dans les forges sibériennes, du 15 avril au 1er juillet, parce que c'est la seule époque de l'année où les eaux soient abondantes. Pendant l'été le travail des forges est complè-

ordinairement les barques sont surprises par la gelée à l'automne, dans le trajet du Wolga à la Baltique ; elles n'arrivent en général à Saint-Pétersbourg qu'au commencement de l'été suivant, et par conséquent à Sheffield, vers la fin du même été. Le fabricant de l'Oural, qui autrefois était obligé d'exporter en Europe ses produits, devait compter deux ans et neuf mois pour la durée moyenne de la réalisation de ses produits. On conçoit donc aisément l'étendue des charges qu'entraînait, dans un pareil système, le fonds de roulement nécessaire aux exploitants, et l'avantage qu'ils trouvent aujourd'hui dans les débouchés locaux qu'ils se sont créés.

Le commerce des bois de construction n'existe ni à Saint-Pétersbourg, ni à Odessa ; les marchandises qu'on en exporte sont généralement plus lourdes que les bois qui forment, avec le fer, à peu près le seul article de commerce de Götheborg et de Stockholm : le fret est donc généralement plus élevé pour les fers russes que pour les fers suédois.

En résumé, les frais de toute nature qui pèsent, sur 100 kilog. de fer, depuis l'époque de leur production jusqu'à celle de leur arrivée aux aciéries de Sheffield, s'élèvent moyennement à 11 fr. pour les fers suédois, et à 23 fr. pour les fers de Sibérie.

Conclusion sur la production et le commerce des fers à acier du Nord.

Les faits que je viens d'exposer touchant les propriétés, la production et le commerce des fers à acier du nord de l'Europe, rapprochés de ceux qui

tement suspendu ; la population toute entière s'applique aux travaux agricoles, à la récolte et aux transports des foins, source principale de l'aisance dont elle jouit.

faisaient l'objet de mon mémoire sur les aciers de Yorkshire, conduisent aux conclusions suivantes :

Le district du Danemora en Suède est le seul lieu du monde où l'on ait produit jusqu'à ce jour des fers à acier de qualité tout à fait supérieure : les fers obtenus dans les diverses forges de Danemora présentent encore toutefois des nuances bien tranchées, et peuvent, sous ce rapport, se distinguer en deux catégories ; mais ceux de ces fers qui sont classés au deuxième rang restent encore sans rivaux.

Cinq autres gîtes de minerais situés en Suède et en Norwège, et un seul gîte situé dans le nord des monts Ourals, produisent des fers qui, suivant l'ordre des qualités, viennent après les dernières marques de Danemora, et ne peuvent être classés qu'au troisième rang. Certains fers, produits dans les provinces de Wermland et d'Elfsborg avec les minerais de Persberg, se distinguent parmi ces derniers par leur extrême pureté et l'emportent encore de beaucoup sur les meilleurs fers produits dans les autres groupes métallurgiques de l'Europe et de l'Amérique.

Cinq gîtes en Suède, un gîte dans le sud des monts Ourals, deux gîtes dans le Lancashire et en Yorkshire, produisent de fers à acier de quatrième rang.

Enfin plusieurs autres gîtes en Suède produisent des fers à acier de cinquième rang qui présentent encore des qualités utiles dans une fabrication étendue et variée : c'est à cette catégorie que paraissent appartenir un gîte dans les Pyrénées françaises; deux ou trois gîtes dans l'Amérique du Nord.

Les forges suédoises qui produisent les fers à acier, n'ont cessé de se developper depuis le commencement de ce siècle, elles sont en mesure de tenir pendant longtemps la production des fers de tout rang au niveau des besoins des aciéries de cémentation. Pour cette spécialité, comme pour toutes les autres sortes de fer, obligées de placer dans les pays étrangers la totalité de leur production, les forges suédoises ont réussi presque complétement à substituer dans les pays étrangers leurs propres fers, aux fers russes; ceux-ci qui dominaient sur tous les marchés, à la fin du siècle dernier, trouvent maintenant leur débouché en Russie. Il paraît même que depuis l'année 1843, les importations de fers en Russie ont notablement excédé les exportations.

En ce qui concerne spécialement les fers à acier, les forges du nord de l'Europe paraissent produire maintenant 332.600 q. m. répartis ainsi qu'il suit entre les pays producteurs et consommateurs :

	SUÈDE et NORWEGE.	RUSSIE.
Fers directement exportés pour la consommation des aciéries étrangéres.	q. m. 107 900	q. m. 14.300
Fers convertis dans le pays producteur en acier destiné a l'exportation.	78.600	»
Fers convertis dans le pays producteur en acier destiné à la consommation locale. .	7.500	34.300
Totaux.	284.000	48.600

La Suède ne reçoit point d'acier des pays étrangers; loin de là, son exportation propre d'acier a presque quadruplé depuis 5 ans, et atteindra vraisemblablement en 1845 le chiffre de 72.000 q.m.

Les importations d'aciers bruts et ouvrés, faites

en Russie par les États allemands et par la Grande-Bretagne, vont sans cesse en croissant : pour 1842, j'avais estimé cette importation à 14.500 q.m., elle a probablement augmenté depuis cette époque. On peut donc dire que dès à présent, il y a balance pour la Russie entre les importations et les exportations de matière aciéreuse, et que vraisemblablement cet empire ne pourra guère à l'avenir contribuer à l'approvisionnement des contrées dépourvues de cette matière.

La production des deux groupes de forges à acier naturel des Alpes et du Rhin a depuis longtemps atteint les limites fixées par les ressources forestières des districts adjacents. On voit donc, sauf toute réserve, à raison des découvertes imprévues qui pourront être faites, que c'est la Suède seulement qui peut à l'avenir donner le moyen d'accroître la production des aciers de bonne qualité.

Belle mission réservée aux métallurgistes suédois.

L'acier remplit un rôle fort important dans l'économie sociale des États; cette importance doit s'accroître considérablement à l'avenir, à mesure qu'on sentira plus vivement la nécessité d'épargner, au moyen de bons outils et par le concours des machines, le travail direct de l'homme. Toutes les nations industrielles et commerçantes sont par conséquent intéressées à compter sur un approvisionnement régulier de bonne matière aciéreuse. Il y a donc lieu d'applaudir à ce concours de conditions naturelles qui a placé la source principale d'un agent si précieux dans une contrée qui ne peut songer à s'en assurer la possession exclusive, et que sa position même, ainsi que la modération de son gouvernement et de ses habitants placent naturellement en dehors des luttes qui peuvent encore agiter le monde.

Depuis deux siècles, les métallurgistes suédois ont exploité avec une rare habileté la qualité aciéreuse de leurs minerais. C'est à leurs efforts qu'est due cette branche nouvelle de la métallurgie du fer qui, en concentrant, sous le moindre poids possible, la propriété aciéreuse, a soustrait toutes les nations industrielles à la dépendance exclusive des deux seules localités qui alimentaient jusqu'alors le commerce du monde (1). Constamment préoccupés de maintenir la qualité de leurs fers, les métallurgistes suédois ont sagement résisté à l'entraînement, qui ailleurs a trop souvent fait dépendre, de l'économie du combustible, le progrès de l'art des forges; ils ont su toujours concilier dans une juste mesure les tentatives de progrès avec le respect de la tradition. Comprenant que le succès des aciéries de cémentation repose essentiellement sur la confiance que le fabricant accorde à la matière première, ils ont fait tous les sacrifices individuels et collectifs qu'exigeait le maintien scrupuleux des qualités représentées par les marques de fabrique. De là, par exemple, l'établissement de ces *Jern-Vâgen*, institution modèle pour tous les peuples commerçants, qui par un contrôle sévère de la qualité de produit, garantit, contre les écarts de l'intérêt privé, l'industrie entière du pays. C'est donc à l'intelligence et à la probité commerciale des maîtres de forges suédois, non moins qu'au génie des fabricants du Yorkshire, qu'est dû l'essor de cet art nouveau, qui, mettant dorénavant l'industrie de l'acier à portée de tous les peuples, est venu servir une

(1) Voir la note préliminaire.

des tendances les plus prononcées des sociétés modernes; qui, par une large production d'aciers plus parfaits et surtout plus durs que les aciers naturels, a doté notre civilisation de moyens d'action proportionnés à l'énergie des efforts qu'elle exerce sur la matière, à la grandeur de résultats qu'elle veut atteindre. Les faits exposés dans ce paragraphe prouvent que les métallurgistes suédois ont su se placer, en ce qui les concerne, à la hauteur de cette belle mission; tout semble indiquer qu'ils sauront s'y maintenir.

§ II. Aperçu historique sur les aciéries françaises, et en particulier sur les acieries de cementation.

1re période des aciéries de cémentation : 1687-1722.

La France qui, depuis le règne de Louis XIV, s'est constamment préoccupée de lutter contre la prépondérance commerciale et politique de la Grande-Bretagne, n'a pas attendu, comme on l'a inexactement annoncé, jusqu'à l'année 1817, pour entreprendre la fabrication des aciers de cémentation. Dès la fin du XVIIe siècle, on apprécia très-nettement en France l'importance de l'art nouveau qui venait de se développer en Angleterre (1). Tout d'abord on comprit que l'intérêt national commandait de fabriquer les aciers cémentés avec des matières premières fournies par le sol du royaume : et cette condition fondamentale fut imposée aux nombreux ouvriers que l'on fit venir dans ce but d'Angleterre et même d'Allemagne et d'Italie, où l'art de la cémentation paraissait alors prendre un développement qui ne

---

(1) Mémoire sur la fabrication de l'acier en Yorkshire, *Annales des mines*, 4e série, t. III, page 628.

s'est point soutenu. Le gouvernement français contribua, autant qu'il dépendait de lui, à l'essor de la nouvelle industrie, en accordant des faveurs et des secours d'argent. Bien que l'ancienne monarchie ait toujours eu pour règle de maintenir les fers et les aciers à bas prix sur le marché intérieur, au moyen de tarifs peu élevés, pour l'entrée, et assez élevés, au contraire, pour la sortie, on crut devoir, à la suite de quelques succès de l'industrie naissante, donner une prime aux aciéries indigènes. Dès l'année 1687, c'est-à-dire trois ans avant que l'Angleterre n'augmentât le droit imposé à l'importation des aciers allemands, le droit de 2f,41 par 100 kilogr. (1) établi par le tarif de 1664 fut porté à 12f,41. Plusieurs fabriques établies dans cette première période, livrèrent quelques produits au commerce; deux de ces fabriques, situées dans la partie occidentale des Pyrénées, produisirent même des qualités qui furent jugées d'abord peu inférieures aux aciers naturels d'Allemagne; mais, en résumé, tous ces efforts restèrent infructueux, et dans cette première période de l'histoire de nos aciéries, il fut impossible de fonder aucune fabrication régulière sur l'emploi des fers indigènes. En 1701, le tarif fut réduit à 6f,21, et en 1704 il fut ramené aux taux de 1664. Les mécomptes que causèrent ces tentatives, tant aux particuliers qu'au gouvernement, furent si graves et si nombreux, que Réaumur crut pouvoir, vers 1722, résumer dans les termes suivants, l'état de l'opinion publique :

---

(1) Les conversions des unités anciennes en unités métriques ont été faites en admettant que le droit de 1 livre tournois par cent livres poids de marc, est équivalent à celui de 2f,0684 par 100 kilogr.

« .... Le royaume qui a des aciers communs à re-
» vendre manque de ceux-ci (les aciers fins) : il lui
» coûte tous les ans des sommes considérables pour
» se fournir d'aciers fins, aussi n'est-il rien que l'on
» ait tenté plus de fois que d'établir des manu-
» factures pour convertir nos fers en acier; c'est
» un art qui est conservé mistérieusement dans
» les païs où on le pratique.

» La cour a cependant été accablée, et surtout de-
» puis trois ou quatre ans, de François et d'étrangers
» de tous païs qui, dans l'espérance de faire for-
» tune, se sont présentés comme ayant le véritable
» secret de convertir le fer en acier. Mais comme
» on n'a vu aucuns fruits de leur travaux, et des
» grâces qui ont été accordées à plusieurs, on a
» presque regardé comme des chercheurs de pierre
» philosophale ceux qui promettoient de changer
» les fers du royaume en aciers excellents. ...... »

Cette disposition des esprits, résultat naturel et logique de l'expérience acquise, eût vraisemblablement conduit l'industrie française à la solution la plus sûre, ce qui consistait simplement à asseoir notre fabrication d'acier sur les mêmes bases qui donnaient alors à celle de l'Angleterre un si grand essor. Le succès était d'autant plus assuré dans cette voie que, pendant toute la durée du XVIIIe siècle, les fers du Nord furent admis en France moyennant un droit extrêmement modique (1);

---

(1) Le tarif de 1664, qui a été le point de départ de la législation douanière du XVIIIe siècle, avait établi, sur les fers importés en France, un droit de 0^f,62 par 100 kilogr.; en 1791, le droit n'était que de 4^f,08 par 100 kilogr., y compris le droit de marque montant à 2^f,04, et qui fut supprimé l'année suivante; en 1797, le droit était réduit à 0^f,51.

tandis que les mêmes fers furent presque constamment soumis en Angleterre à un droit d'entrée fort élevé. La haute importance qui s'attachait à l'emploi des fers indigènes, dans la fabrication des aciers, préoccupait les esprits, en Angleterre, aussi vivement qu'en France, et c'est en partie sous cette influence que des droits considérables y furent maintenus jusqu'à l'année 1825. Le tarif français assurait donc une grande supériorité aux aciéries qui se seraient établies en France, en vue d'élaborer les meilleurs fers suédois : et il y a lieu de présumer que si, dès le milieu du XVIIe siècle (1), nos fabricants eussent été éclairés sur la haute valeur des fers de Danemora, considérés comme matière première des aciéries de cémentation, ils eussent pris immédiatement, dans cette branche d'industrie, la prépondérance qu'une regrettable préoccupation abandonnait sans lutte aux fabricants anglais.

2° période des aciéries de cémentation : 1722-1793.

Travaux de Réaumur.

C'est dans ces circonstances que Réaumur entreprit en 1715 les célèbres recherches dont les résultats, successivement publiés de 1720 à 1722 exercèrent une si grande influence sur l'opinion, et ouvrirent une deuxième période dans l'histoire de nos aciéries de cémentation. Réaumur admit précisément pour point de départ de ses travaux le fait que repoussait l'expérience déjà acquise, et sur lequel, après un nouveau laps de 130 ans, on vient demander des expériences en se fondant sur

(1) Louis de Geer établit en 1643 la fabrication des fers à acier dans le district de Danemora, dans les mêmes usines et avec les mêmes moyens d'action qui sont encore en usage aujourd'hui.

la nouveauté de la question. Réaumur ne cache pas que sa conviction était arrêtée à l'avance sur ce point que les fers français étaient aussi propres que les fers suédois à être convertis en acier : et à ce sujet il s'exprime ainsi, au début de son ouvrage :

« La possibilité de la conversion du fer en acier » n'avoit pas besoin d'être prouvée, elle étoit dé» montrée de reste par le succès avec lequel on » y travaille en Angleterre, en Allemagne, en » Italie, etc. Toute la question étoit donc de sa» voir si, avec le secret pratiqué dans les païs » étrangers, nous pourrions, de nos fers, faire des » aciers qui égalassent ceux qu'ils font des leurs ; » ou après tout, notre pis-aller devoit être de tra» vailler en France à convertir en acier des fers » étrangers, comme on y travaille en Angleterre » où on fait d'excellents aciers avec du fer de » Suède, qui, à Paris, ne nous coûte en certains » temps, guère plus que les fers du royaume ; et » qui dans nos ports, est quelquefois à aussi bon » marché que celui qui vient de nos mines. Mais » l'examen que j'avois fait des fers du royaume, et » que j'avois eu occasion de faire à fond, lorsque » j'ay décrit nos différents fourneaux et forges à » fer, et tous les arts qui mettent en œuvre ce mé» tal, cet examen, dis-je, m'avoit fait connoître » que nous avions des fers de tant de qualités dif» férentes, qu'il me paraissoit hors de doute que » nous en avions de propres à devenir d'excellent » acier, de quelque nature que l'acier le deman» dât........ Je supposai donc, et je crus pouvoir » supposer le fer propre à être converti en acier » tout trouvé, qu'il ne s'agissoit plus que d'avoir » les procédés convenables pour le convertir, sauf

» ensuite à les éprouver sur toutes nos espèces de » fers. »

Réaumur commença ses expériences sous l'empire d'une autre préoccupation, celle des idées théoriques qui régnaient à cette époque; admettant que l'acier se distingue du fer en ce qu'il est plus *pénétré de parties sulfureuses et salines*, il se trouva conduit à insister dans ses expériences sur l'emploi des céments complexes. Méconnaissant la loi fondamentale de la cémentation, l'influence exclusive des corps combustibles carbonisés, il alla même jusqu'à déduire de ses expériences que le charbon de bois employé seul comme cément, opérait plus lentement que les céments salins complexes, et donnait des aciers de qualité inférieure.

En résumé l'ouvrage que Réaumur publia en 1722 (1) vint complétement égarer l'opinion des savants et des industriels sur les deux bases essentielles de l'art qu'il prétendait enseigner. En premier lieu, sur le choix du cément, Réaumur fut conduit à recommander certaines recettes admettant nécessairement une forte proportion de matières salines : il indiqua que cette recette devait varier avec la nature du fer à cémenter, et que d'autres mélanges, non expérimentés par lui pouvaient vraisemblablement conduire au même résultat. En second lieu, sur le choix des fers à acier, il énonça comme conclusion définitive que la plupart des provinces du royaume fournissent en abondance des fers éminemment propres à être convertis en acier; que de tels fers existent no-

(1) L'art de convertir le fer forgé en acier, par M. de Réaumur. — Paris, 1722.

tamment dans le Hainaut, le Nivernais, le Berri, la Bourgogne, le Dauphiné, le Béarn, l'Angoumois, le Périgord et la Bretagne.

Ces assertions se présentaient avec l'autorité que donne une haute célébrité scientifique : elles s'appuyaient sur une longue suite d'expériences entreprises par dévouement pour la chose publique, avec l'appui spécial et aux frais du gouvernement; elles flattaient l'amour-propre national et offraient même une brillante perspective aux intérêts particuliers dans toutes les provinces du royaume. A tous ces titres elles furent adoptées sans contestation. L'ouvrage de Réaumur, qui valut à son auteur une pension de douze mille livres, fut dès lors suivi comme un guide infaillible par toutes les personnes qui entreprirent depuis de fabriquer en France l'acier de cémentation. L'autorité que le livre de Réaumur a conservée jusqu'à ce jour, rapprochée des mécomptes auxquels il a constamment donné lieu, est sans contredit un des incidents les plus singuliers que présente l'histoire de la métallurgie francaise (1). Ce fait serait resté inexplicable pour moi si un grand nombre de documents officiels ne m'avaient permis de suivre les diverses phases de développement et de décadence

(1) L'influence exercée sur l'opinion par les travaux de Réaumur a subsisté jusqu'à ce jour pour les personnes qui n'ont point eu occasion de se livrer à l'étude ou à la pratique des ateliers. Dans des rapports et dans des traités spéciaux récemment publiés, on a été jusqu'à affirmer que la supériorité des aciéries anglaises, et l'infériorité des aciéries françaises tenaient à ce que les Anglais s'étaient appliqués à mettre en pratique les préceptes de Réaumur, tandis que les Français les avaient laissés tomber en oubli.

des nombreuses aciéries qui se sont établies en France pendant le dernier siècle, et si je ne voyais aujourd'hui les adversaires de la réforme du tarif, regardant le passé comme non avenu, replacer précisément la question dans les termes ou elle était posée au commencement du siècle dernier.

La seconde période de l'histoire de nos aciéries, de 1722 à 1793, ne fut en quelque sorte qu'un démenti continuel donné aux expériences officielles par la pratique des ateliers. Les désastres qui se multiplièrent dans la voie fausse où Réaumur avait engagé de nouveau l'industrie française ne servirent même pas à rectifier l'opinion qu'un appareil expérimental imposant avait vivement fixée. Les savants les plus distingués, les écrivains les plus éloquents n'en persistèrent pas moins à maintenir le principe de la haute propension aciéreuse des fers indigènes. Le gouvernement favorisant en cela l'impulsion qu'il recevait lui-même de l'opinion, ne cessa d'imposer l'emploi exclusif de ces fers, comme condition de tous les encouragements accordés aux entreprises naissantes

Les entreprises qui furent créées immédiatement par suite des publications de Réaumur, ne répondirent pas à l'attente générale; et cet auteur se vit bientôt obligé de représenter à l'impatience publique que le temps était un élément de succès auquel l'efficacité des préceptes ne pouvait complétement suppléer. Pressé par l'opinion, il dut enfin intervenir pour justifier les espérances que ses travaux avaient fait naître : une compagnie fut établie avec des lettres patentes, sous sa haute direction, avec le nom de *manufacture royale d'Orléans, pour convertir le fer en acier et pour faire des ouvrages de fer et d'acier fondus*. Cette compagnie exploitait en même temps plusieurs secrets relatifs aux mêmes fabrications et qui lui avaient été fournis par Réaumur. La principale usine fut construite à Cosne. La compagnie avait son bureau à Orléans et son magasin général à Paris, rue Saint-Thomas-du-Louvre. Après de longs essais cette compagnie espéra enfin avoir atteint le but qu'elle se proposait, car on lit dans une publication du temps les passages suivants qui prouvent que l'exagération des prospectus ne date pas seulement de l'époque actuelle :

« *Nouvel acier de France*. — L'excellent ouvrage que M. de Réaumur, de l'Académie royale » des sciences, a donné au public depuis peu d'années, a fourni à la France un nouvel objet de » commerce, et cet habile académicien a étudié » et découvert si exactement et si à fond la nature » de l'acier, et la manière la plus parfaite de le » fabriquer, que les François ne doivent plus regretter aucun acier étranger, et sont en état de » mettre le leur en parallèle avec ceux qui jusqu'ici ont été le plus estimés..... On se contentera donc de donner avis au public qu'il s'est » établi en France une compagnie pour travailler » d'après les principes de l'auteur à la manufacture » des fers et des aciers ; que cette compagnie établie avec des lettres patentes fait travailler à ces » ouvrages à Cosne.. . Cette compagnie, après avoir » longtemps travaillé à perfectionner ses ouvrages, » et à en avoir une assez grande quantité pour en » fournir le public, a ouvert un magasin à Paris » pour en faire le débit.....

» On vend aussi dans le même magasin de l'acier en gros et en détail, qui ne le cède en qualité » à aucun des meilleurs aciers connus : on le donne

» à 10 sols la livre : il est marqué de la marque de » ladite manufacture. On garantit de n'en livrer » que d'excellent; et s'il y en avoit qui ne parût pas » tel à ceux qui l'ont acheté, on s'engage à rendre » l'argent de celui qu'on rapportera, si mieux on » n'aime en reprendre d'autre, poids pour poids.

Le public cependant ne ratifia pas le jugement que portait la compagnie sur la valeur de ses produits; le système commercial qu'elle avait imaginé pour attirer la confiance des acheteurs ne produisit pas les résultats qu'elle en attendait. Après avoir épuisé son capital, la compagnie dut se dissoudre, et l'aciérie de Cosne fut abandonnée en même temps que des fabriques d'armes qui y avaient été annexées. Quinze ans après la publication de l'ouvrage de Réaumur, les aciéries de Cosne étaient détruites, et la France continuait de demander à l'Angleterre l'acier de cémentation qu'elle consommait. Deux fabriques seulement, situées près de la frontière de Suisse, et qui élaboraient les fers de Franche-Comté, livraient au commerce quelques aciers qui furent d'abord assez appréciés; encore, peu de temps après, cessèrent-elles également leurs travaux.

Travaux de G. Jars.

Ces mécomptes rapprochés des brillants succès qu'obtint l'Angleterre lorsque la mémorable découverte de B. Huntsman (1) eût assuré aux aciéries de cémentation une supériorité décidée, ramenèrent momentanément le gouvernement français dans la seule voie qui pouvait conduire à la solution que l'on cherchait inutilement depuis si long-

(1) Mémoire sur la fabrication de l'acier en Yorkshire, *Annales des Mines*, 4e série, tome III, page 638.

temps. On pensa avec raison que le parti le plus simple était d'aller étudier dans les aciéries anglaises elles-mêmes, les causes de la haute réputation de leurs produits. Cette mission fut confiée en 1765 à Gabriel Jars, celui de nos savants qui a le plus contribué à propager en France les connaissances métallurgiques, et qui par ses voyages en Saxe, en Bohême, en Hongrie, en Tyrol, etc., avait déjà acquis une connaissance approfondie des usines où se produisent les métaux. Jars observa très-bien les deux lois fondamentales qu'avait méconnues Réaumur. Peut-être, dans le mémoire rédigé à la suite de ce voyage, n'appuya-t-il pas sur ces deux points essentiels autant qu'il eût convenu de le faire pour détruire les fausses idées qui s'étaient établies en France. Il semble que dans son mémoire, fort détaillé sous d'autres rapports, Jars se soit appliqué à énoncer sous la forme la plus succincte, les principes essentiels de la cémentation, tels que je les ai observés moi-même un siècle plus tard ; toutefois son laconisme ne fait que relever la netteté de ses assertions. Jars s'exprime ainsi :

« Le seul et unique fer qu'on ait trouvé propre » pour la conversion en acier est le fer de Suède. » On a fait beaucoup d'expériences sur le fer fa» briqué en Angleterre, mais on n'a jamais pu » obtenir un acier d'aussi bonne qualité.

» On emploie différents fers de la Suède, les» quels, suivant leurs différentes qualités, font » varier les prix de l'acier parce qu'ils ont eux» mêmes différentes valeurs.....

» On emploie uniquement le poussier de char» bon pour la conversion du fer en acier, et l'on » ne fait usage ni d'huile ni de sel. »

L'année suivante, en 1766, Jars reçut mission de visiter les forges de Suède et de Norwége : et ce fut pour lui l'occasion de constater que la propension aciéreuse, si recherchée par les Anglais dans les fers suédois, existait particulièrement dans les fers extraits des minerais magnétiques de Danemora.

Jars ne crut pas devoir insister sur l'opposition qui existait entre l'expérience des ateliers anglais et les préceptes de Réaumur ; il s'appliqua au contraire à signaler en divers passages de ses mémoires l'autorité dont jouissait l'ouvrage de cet auteur, même auprès des étrangers. L'opinion de Jars semble toutefois percer dans le paragraphe suivant relatif à la situation dans laquelle se trouvait en Suède, en 1766, l'art de la cémentation.

«..... J'observerai à cette occasion (au sujet de la » composition des céments), que les différents en-» trepreneurs ont des additions qui ne sont point » égales, à en juger par les conversations que » nous avons eues avec plusieurs personnes ; ils ont » suivi en partie l'ouvrage de M. de Réaumur, qui » leur a été de la plus grande utilité. Ils en con-» viennent, mais les uns ont augmenté les addi-» tions, les autres les ont changées. Ils auroient » mieux fait, et l'expérience le prouve, de suivre » à cet égard uniquement ce que font les An-» glois, c'est-à-dire de n'ajouter que du poussier » de charbon de bois qui donne le phlogistique » le plus fixe. Enfin, quoique depuis longtemps » on fasse de l'acier par la cémentation dans plu-» sieurs endroits de la Suède, on n'étoit encore » qu'aux expériences, et les entrepreneurs avouè-» rent qu'ils n'étoient pas bien sûrs de leur pro-» cédé. »

Graves inconvénients des erreurs de Réaumur.

Les mécomptes entraînés en Suède par la recherche des céments, étaient précisément ceux qui jusque-là avaient eu lieu dans les aciéries françaises. Jars relève donc parfaitement dans ce passage les défauts essentiels de l'ouvrage de Réaumur. En recommandant les céments salins complexes, et en reconnaissant que le cément le plus convenable dans chaque cas, devait varier selon la nature du fer employé, Réaumur avait complétement donné le change à l'industrie. Chaque fabricant qui échouait d'abord en cémentant son fer, par la recette de Réaumur, était naturellement conduit à faire un nombre infini d'expériences pour découvrir une recette plus appropriée à la nature de ce métal. Ces expériences devaient infailliblement épuiser les ressources et la patience des industriels, puisqu'on y faisait varier seulement celui des deux éléments qui devait rester invariable. Si l'ouvrage de Réaumur n'était venu égarer l'opinion, celle-ci eût été promptement fixée sur un fait que tout le monde pouvait observer, dès 1722, comme Jars le fit plus tard, en 1765, et comme je l'ai fait moi même en 1842. Sachant que le cément de charbon de bois était la donnée constante de la cémentation, chaque fabricant eût nécessairement regardé la sorte de fer soumise à l'aciération comme la donnée variable de ses essais, et, dans cette voie, l'expérience eût surement conduit à un classement rationnel des fers à acier.

Au retour de ces voyages, Jars fut chargé par le gouvernement de propager en France les méthodes de travail pratiquées en Angleterre; mais ici encore se reproduisit la constante préoccupation relative aux fers indigènes. L'assertion si positive que cet habile observateur avait émise touchant la supériorité des fers suédois fut peu goûtée; ses écrits montrent qu'il ne crut pas devoir heurter une opinion qui était fortement enracinée en France chez les savants et les hommes d'État. Dans l'usine expérimentale élevée sous sa direction spéciale, dans le faubourg Saint-Antoine, à Paris, il ne fut aucunement question des fers de Danemora, et l'on se borna à employer les fers indigènes. Jars a gardé un silence complet dans ses écrits, sur les résultats obtenus dans cette usine; du moins son frère se borna à publier, sans aucun commentaire, le dessin du fourneau de cémentation qui y fut construit; mais des documents conservés dans les archives de l'administration des mines rappellent que ces essais eurent le même résultat que ceux de Réaumur et que 200.000 livres y furent dépensées en pure perte.

Jars ne put même réussir complétement à détruire l'opinion propagée par Réaumur, sur l'utilité des céments salins complexes, et sur l'insuffisance du charbon de bois employé seul : toutefois les indications de ce savant métallurgiste portèrent leurs fruits, et l'on peut constater qu'à dater de cette époque, les aciéries de cémentation qui s'élevèrent en France luttèrent plus efficacement contre les obstacles que leur suscitait la donnée relative aux fers indigènes.

Aciéries en Angoumois, en Franche-Comté, en Berri, en Bourgogne.

A l'époque même où Jars ne pouvait faire prévaloir en France l'idée ou plutôt le fait de la supériorité des fers suédois, le comte de Broglie obtenait de la cour de grands encouragements, pour fonder dans l'Angoumois une fabrique d'acier de cémentation, dont le but spécial était d'élaborer les fers de la province, que Réaumur avait distingués dans ses expériences. Cet établissement, fondé à Ruffec, pourvu de grands priviléges et d'une dotation annuelle de 15.000 livres, lutta pendant 15 ans contre les obstacles qui résultaient de son principe même : vers 1782, le gouvernement se lassa d'accorder des encouragements qui restaient sans résultat, et aussitôt l'aciérie de Ruffec dut subir le sort de toutes celles qui l'avaient précédé.

D'autres établissements furent créés vers la même époque, en vue de convertir en acier les fers indigènes : parmi ceux qui eurent le plus de célébrité, on peut citer : l'aciérie créée par M. Mongenet, en Franche-Comté, à l'aide d'ouvriers étrangers, dans le but spécial d'élaborer les fers de la province ; l'établissement fondé dans le Berri, par M. le duc de Charrost, pour élaborer les fers produits par ses forges ; le fourneau de cémentation que Buffon construisit dans les forges qui ont conservé son nom, et dans lequel ce savant illustre fit de nombreuses expériences pour démontrer la possibilité de convertir en bon acier les fers extraits des minerais de Bourgogne.

Aciérie de Nérouville ; travaux de Buffon et de Grignon.

Mais les faits les plus importants de cette période de l'histoire de nos aciéries, et qui caractérisent le mieux la persistance de l'opinion propagée par Réaumur, sont ceux qui se rattachent à l'importante aciérie de Nérouville. Cette usine fut créée vers 1770, trois ans après le retour de Jars, et il est visible que les fondateurs s'appliquèrent à réaliser les conditions anglaises de fabrication telles que les avait décrites ce célèbre métallurgiste : l'usine, placée sur le canal du Loing, qui y amenait les matériaux réfractaires ainsi que les houilles du Forez et de l'Auvergne, employa d'abord exclusivement des fers de Suède. Le succès ne se fit pas attendre : en 1778, Nérouville était le seul établissement qui livrât en grand les aciers fins à la consommation du royaume ; les fourneaux de cémentation y avaient été portés à des dimensions qui témoignent de l'activité et de la régularité de la fabrication, et qui n'ont pas été dépassées depuis, même en Angleterre. L'un de ces fourneaux recevait à la fois jusqu'à 40.000 kilogr. de fer forgé.

Cette prospérité, fondée sur l'emploi du fer étranger émut vivement l'opinion publique : Grignon, l'homme de l'époque à qui ses écrits et sa position donnaient le plus d'autorité en semblable matière, crut devoir combattre, dans plusieurs mémoires, la direction où s'engageait l'industrie française ; soutenu par les idées que Buffon avait émises, il reçut du gouvernement, en 1779 la mission de soumettre à des expériences comparatives les fers forgés de France, de Suède, de Sibérie et d'Espagne. On choisit pour lieu des expériences les aciéries de Buffon et de Nérouville, et on y rassembla des fers préparés dans les principaux groupes de forges du royaume. Ici encore l'expérience officielle vint condamner la pratique industrielle ; et, ce qui est digne de remarque, c'est que l'industrie, doutant du succès même qu'elle avait obtenu, accepta docilement l'arrêt qui fut porté par Grignon : dès ce moment, l'aciérie de Nérouville commença à décheoir et s'éteignit vers 1792. En 1793, l'un des martinets de Nérouville, qui n'avait pas encore été démoli, fut remis en activité dès le début de l'époque remarquable que la révolution française ouvrit dans l'histoire de nos aciéries.

Les tendances et les résultats des expériences de Grignon se trouvent suffisamment caractérisés par préambule et la conclusion du mémoire que ce métallurgiste publia en 1782 : je crois utile d'en présenter un extrait. Comme Réaumur l'avait fait 60 ans plus tôt, l'auteur déclare encore ici formellement que son opinion était arrêtée à l'avance sur la haute qualité aciéreuse des fers indigènes.

« Ayant présenté à l'administration plusieurs » mémoires, dans lesquels j'avois démontré la » nécessité de tenter les moyens d'élever en France » des manufactures d'acier fin, pour enlever aux » étrangers une branche de commerce d'importa- » tion qui est onéreuse à la nation ; que Nérou- » ville étoit la seule manufacture en grand d'acier » fin par cémentation, et qu'elle n'employoit » que des fers de Suède ; et enfin ayant assuré, d'a- » près les essais que j'avois faits, qu'il étoit possible » de convertir nos fers françois en bon acier fin. »

» Le gouvernement, attentif à procurer aux » arts et aux manufactures nationales, des objets » d'émulation et les moyens de faire fleurir le » commerce, m'autorisa en novembre 1779 à » faire les expériences nécessaires pour constater » la propriété relative que les meilleures espèces » de fers françois ont pour être converties en » acier fin, par la voie de la cémentation..... » Dès lors, je me disposai à préparer tous les ob- » jets nécessaires. J'écrivis dans les différentes » provinces du royaume, pour faire rendre à Buf- » fon les fers de meilleures qualités qui m'étoient » connus. J'en tirai des Pyrénées, des Alpes » (Dauphiné), des Vosges (Alsace), de Franche- » Comté, Lorraine, Champagne et Berry. ...

. . . .

» Il résulte donc des expériences que nous avons » fait faire par ordre du gouvernement, qu'il est » très possible de faire de très-bons aciers fins

» avec les fers des diverses provinces du royaume ; » qu'il suffit de choisir parmi ceux qui ont le » plus de propriété à devenir acier, les fers les » mieux fabriqués, et de les traiter suivant leur » caractère particulier. Il seroit à désirer qu'il s'é- » levât plusieurs manufactures en ce genre dans le » royaume, particulièrement dans le Roussillon, » l'Alsace, la Franche-Comté, le Limousin et la » Champagne, afin de fournir aux arts les aciers » dont ils font une très grosse consommation, la- » quelle forme une branche immense de com- » merce d'importation qui enrichit nos voisins. »

Causes principales des erreurs commises depuis un siècle, dans les expériences officielles.

Le détail des expériences faites par Grignon explique très-clairement comment il a été conduit à ces conclusions. De telles expériences ne permettent guère d'apprécier la qualité fondamentale, la propension aciéreuse ou le *corps*, des fers à acier. Elles mettent au contraire très-aisément en relief les défauts qui tiennent au manque de pureté et qui se peuvent corriger en grande partie, pour chaque sorte de fer, par un travail plus soigné et une plus grande dépense de combustible. C'est sur cette qualité secondaire qu'avaient surtout porté les expériences faites par Buffon pour la préparation des fers à acier (1). Les fers choisis par Grignon, et expérimentés avec le con-

(1) Buffon a résumé la conviction à laquelle ses expériences l'avaient conduit sur ce point, en écrivant :
« Comme je l'ai souvent dit, il ne tient qu'à nous d'a- » voir d'aussi bon fer que celui de Suède, dès qu'on ne » sera pas forcé, comme on l'est aujourd'hui, de trop » épargner le bois... »
Appliquée à la pureté aciéreuse des fers, cette conclusion était parfaitement exacte ; elle est entièrement conforme aux résultats de l'expérience séculaire des Suédois.

cours et dans les forges de l'illustre naturaliste, se trouvaient donc, sous ce rapport, dans les conditions les plus favorables.

Les fers étrangers soumis aux mêmes expériences se trouvaient dans les conditions précisément inverses. La supériorité des fers de Danemora, si nettement proclamée par Jars, était parfaitement connue de Grignon, qui rappelle même incidemment ce fait dans son mémoire, et cependant cet auteur ne paraît même pas soupçonner qu'il y eût convenance à expérimenter sur ces fers d'élite. Le but évident de Grignon était de faire ressortir, au moyen de ses expériences, la haute qualité des fers indigènes : les fers de Suède et de Sibérie n'y furent représentés chacun que par un seul échantillon, pris au hasard dans le commerce; Grignon déclare expressément que l'origine de ces fers lui était inconnue; mais, de l'indication des marques rappelées par Grignon, il résulte que ces deux sortes n'étaient que des qualités ordinaires qui n'ont jamais été classées en Angleterre parmi les fers à acier.

C'est précisément sur des termes de comparaison aussi peu concluants qu'ont été faites toutes les expériences officielles ; jamais celles-ci n'ont eu réellement pour but d'apprécier la valeur relative des fers suédois et indigènes ; leur but évident était de confirmer une opinion énoncée à l'avance. Je citerai un exemple remarquable de cette singulière préoccupation, en retraçant plus loin l'histoire de la troisième période des aciéries de cémentation. On a toujours pris comme échantillons des fers à acier du nord, les sortes inferieures, importées expressément pour d'autres usages, sur le littoral du royaume. Pendant le dernier siècle, les marques de fers à acier ont été rarement importées en France. Bien que depuis 1814 le tarif français ait considérablement restreint le commerce des fers communs du nord; bien que récemment un commerce régulier de fers à acier ait été établi en France, les fers du nord importés pour la consommation intérieure, se composent encore, pour les trois quarts au moins, de qualités inférieures, qui, en Angleterre comme en France, sont réputées impropres à la cémentation.

Aujourd'hui même, malgré les faits précis que j'ai publiés en 1843, touchant le classement des fers à acier du nord, on vient encore chercher des arguments dans la confusion que je signale. L'auteur d'une brochure que je refuterai plus loin, opposant la pureté des fers à acier français à l'infériorité qu'il attribue aux fers suédois, croit pouvoir affirmer ce qui suit : « Les marques supé-» rieures de Suède sont fabriquées avec du fer » oxydulé en roche; les marques moyennes et infé-» rieures sont obtenues avec des hydroxydes de » marais, renfermant souvent du phosphore. »

Cette assertion est complétement erronée : j'ai constaté, dans le voyage que je viens de faire en Suède, qu'il n'entre aucune trace du minerai des marais dans les mélanges employés pour la production des fers à acier; que ce minerai ne joue même qu'un rôle très-secondaire dans la fabrication des fers communs destinés à la consommation immédiate.

Travaux de Nicolas, professeur lorrain.

Cette époque de l'histoire de nos aciéries présente encore une particularité curieuse et que je crois utile de mentionner, parce qu'elle caractérise parfaitement la vivacité des prétentions fondées en France sur la propension aciéreuse des fers indigènes. Certaines provinces trouvèrent que les expériences de Réaumur et de Grignon n'avaient pas rendu justice à la qualité de leurs fers : la Lorraine entre autres crut devoir protester contre les travaux de Grignon, parce que ce savant, après avoir fait l'épreuve de certains fers lorrains, n'avait pas signalé cette province au nombre de celles où il lui paraissait désirable de créer des manufactures d'acier. Ce fut M. Nicolas, docteur en médecine, professeur royal de chimie de l'université de Nancy, qui fut chargé de rétablir, à l'aide d'expériences, la réputation des fers lorrains. L'extrait suivant de son ouvrage, publié en 1783, par ordre du gouvernement, me paraît très-curieux à transcrire, parce que l'auteur, en rappelant les protestations que faisait le bon sens public contre la stérilité des expériences officielles, présente une excellente critique des idées qu'il prétendait défendre : il est inutile d'ajouter que les recherches de M. Nicolas démontrèrent la haute propension aciéreuse des fers lorrains.

« Nous sommes obligés d'avouer que les étrangers nous ont devancés dans cette partie de la » métallurgie. Ils ont en quelque sorte créé un » corps nouveau, en trouvant le secret de donner » au fer des propriétés qui le transforment pour » ainsi dire en un métal particulier. En vain » M. de Réaumur, en 1722, démontra-t il la possibilité de convertir les fers de France en acier ; » en vain ce célèbre académicien exposa-t-il de » la manière la plus claire les moyens par lesquels il y étoit parvenu ; toutes ses expériences, » toutes ses démonstrations furent inutiles ; les » étrangers continuèrent à jouir exclusivement

» du fruit de leurs découvertes, et nous ne nous » lassâmes pas de leur porter notre argent, en » échange d'une matière qu'il nous eût été si fa- » cile de nous procurer dans notre païs. Tel a » toujours été l'effet de la prévention. Si dans la » transmutation du fer en acier, disoient les uns, » la dépense excède le bénéfice, à quoi bon nous » livrer à un travail infructueux? Que M. de » Réaumur soit parvenu à faire de l'acier, cela » peut être, disoient les autres; mais ce n'est pas » avec des fers semblables aux nôtres. Ils sont » trop aigres et trop impurs pour pouvoir acqué- » rir les propriétés d'un acier fin. Voilà le pré- » jugé qu'il étoit d'autant plus essentiel de dé- » truire, qu'il semblait fortifié par le silence de » M. Grignon. En effet, dans le mémoire qu'il » vient de publier sur la possibilité de convertir » les fers du royaume en acier fin par la cémen- » tation, il n'y parle point des fers de la Lor- » raine, quoiqu'il annonce en avoir tirés.

» A peine les premières recherches sur la con- » version en acier des fers de quelques provinces » du royaume furent-elles connues de M. l'inten- » dant, que, frappé des avantages que cette nou- » velle découverte pourroit procurer à la pro- » vince dont l'administration lui est confiée, en y » créant une nouvelle branche d'industrie, il vou- » lut bien me faire part de ses vues, et m'enga- » gea à employer les ressources de l'art pour les » seconder. Pour me mettre en état d'opérer, il » me procura non-seulement des fers de toutes les » forges existantes dans son département, mais » encore des mines et castines, que j'ai soumises, » en grande partie, à l'expérience. Le résultat de » ces expériences a été que non-seulement le fer

» de la Lorraine, dont la fabrication sera soignée, » pourra se convertir en acier de bonne qualité, » mais que quelque dépense que cette conver- » sion exige, nous pourrions avoir cet acier à un » tiers meilleur marché que celui auquel les » étrangers nous le vendent..... »

Opinion de Diderot.

Les deux grandes encyclopédies publiées dans la 2e moitié du 17e siècle ne manquèrent pas de reproduire l'opinion dominante. L'article écrit par Diderot, en 1751, est remarquable en ce que le tableau qu'il trace de l'état du commerce de l'acier en France, s'applique encore à beaucoup d'égards à l'époque actuelle. J'en extrais les passages suivants :

« ... Nos meilleurs aciers se tirent d'Allemagne » et d'Angleterre. Celui d'Angleterre est le plus » estimé par sa finesse de grain et sa netteté : on » lui trouve rarement des veines et des pailles...

» .... L'acier de Rive se fait aux environs de » Lyon et n'est pas mauvais ; mais il veut être » choisi par un connaisseur, et n'est propre qu'à » de gros tranchants ; encore lui préfère-t-on l'é- » toffe de Pont, et l'on a raison. C'est cependant le » seul qu'on emploie à Saint-Etienne et à Thiers. » L'acier de Nevers est très-inférieur à l'acier » de Rive : il n'est bon pour aucun tranchant ; on » n'en peut faire que des socs de charrue.

» Mais le bon acier est propre à toutes sortes » d'ouvrages entre les mains d'un ouvrier qui sait » l'employer. On fait tout ce qu'on veut avec l'a- » cier d'Angleterre. Il est étonnant qu'en France » on ne soit pas encore parvenu à faire de bon » acier, quoique ce royaume soit le plus riche en » fer et en habiles ouvriers. J'ai bien de la peine » à croire que ce ne soit pas plutôt défaut d'in-

» telligence dans ceux qui conduisent ces manu-
» factures que défaut dans les matières et mines
» qu'ils ont à travailler.... »

L'article de Duhamel publié en 1786 dans l'Encyclopédie méthodique, produit encore la même opinion appuyée sur les nombreuses expériences auxquelles l'auteur s'était livré pour comparer, aux aciers étrangers, les aciers cémentés provenant de fers forgés indigènes. L'auteur va même jusqu'à affirmer que des fers français qui, eu égard à leur propension aciéreuse, ne viennent qu'au second rang, ont donné des aciers préférables aux meilleurs aciers anglais et allemands. Il me paraît utile de citer textuellement le paragraphe où se trouve cette assertion, afin de montrer jusqu'à quel point les expériences officielles devaient contribuer à égarer l'opinion. Travaux de Duhamel

« Ainsi que les Anglois, je me suis aperçu que
» le fer de Suède me donnoit de meilleur acier
» que beaucoup d'autres espèces de fer, mais j'en
» ai essayé qui m'en ont fourni d'aussi bons.
» Parmi ceux de France, les meilleurs que j'ai
» trouvés pour être convertis en acier sont ceux
» qui se fabriquent à la Catalane, dans le pays de
» Foix, en Roussillon et en Languedoc. Ces fers
» sont généralement bons, ainsi que tous ceux des
» Pyrénées, et lorsqu'ils sont fabriquées avec soin,
» je les préférerois à ceux de la Suède pour en
» faire de l'acier, aussi sont-ils liants et nerveux
» sans être mous.

» Les fers du Périgord, du Berry et de l'An-
» goumois, tiennent le second rang; j'en ai ce-
» pendant fait d'excellent acier qui a subi les
» épreuves les plus rigoureuses dans les ports du

» roi, et en présence des commissaires de l'Aca-
» démie royale des sciences, par les plus habiles
» artistes de Paris; qui a été trouvé aussi parfait
» que le meilleur acier d'Angleterre, qui servoit
» de terme de comparaison, et même plus facile
» à employer, et en général supérieur à ceux de
» Styrie et de Carinthie, qui sont les meilleurs
» qui nous viennent d'Allemagne. Mais pour cet
» effet, j'avois soin de choisir le fer sans défaut, et
» si je lui en connaissois en le faisant fabriquer
» aux affineries, je faisois refondre la loupe une
» seconde fois, lorsqu'elle avoit été formée; de
» cette manière, j'étois assuré que les crudités,
» ou les parties étrangères qui étoient restées dans
» la loupe à la première opération, et qui le vi-
» cioient, étoient detruites dans la seconde. J'a-
» vois ainsi d'excellent fer et très-propre à me
» donner de bon acier. L'on imagine bien que
» cette seconde opération rend le fer plus coû-
» teux: 1° en ce qu'il éprouve un nouveau dé-
» chet; 2° en ce qu'il consomme plus de charbon;
» 3° en ce qu'il coûte plus de main d'œuvre; mais,
» je le répète, sans cette précaution et l'attention
» qu'il faut avoir en outre dans le choix des
» gueuses, on ne parviendra pas à avoir du fer
» susceptible de donner de bon acier de cémen-
» tation, singulièrement lorsque le fer provient
» des minerais, qui, d'eux-mêmes, ne donnent
» que du fer d'une qualité médiocre. »

Travaux de Sanche; aciérie d'Amboise.

Je terminerai le résumé de la deuxième période des aciéries indigènes par une esquisse sommaire du progrès et de la décadence de l'aciérie d'Amboise, le plus grand établissement qui jusqu'à ce jour ait eu pour objet de fabriquer en France l'acier de cémentation.

La fabrique d'Amboise fut établie en 1782, à l'époque où s'éteignait l'aciérie de Ruffec, et où l'aciérie de Nérouville dépérissait dans la fausse direction où l'avaient jetée les expériences de Grignon. Le sieur Sanche qui, depuis vingt-cinq ans, dirigeait avec succès des fabriques de bijouterie, de quincaillerie et de taillanderie à la manière anglaise, et dont les travaux avaient été précédemment récompensés par des priviléges et des gratifications annuelles du gouvernement, parvint, après de nombreuses tentatives, à fabriquer les aciers fondus et les aciers fins qu'il tirait précédemment de l'étranger. C'est spécialement en vue de fabriquer ces aciers fins que le sieur Sanche, secondé par les capitaux du sieur Patry, fonda la fabrique d'Amboise, sur l'emplacement d'une ancienne manufacture de limes.

Les autorités locales ayant pu juger, dans le cours de l'année 1782, des heureux résultats obtenus par le sieur Sanche, appuyèrent vivement, le 9 mai 1783, le mémoire que les sieurs Sanche et Patry adressèrent au gouvernement, afin d'obtenir les priviléges et les capitaux dont ils avaient besoin pour développer leur entreprise. Jusqu'en mai 1783, les sieurs Sanche et Patry n'avaient opéré que sur les fers suédois (1);

« (1) Ils (les sieurs Sanche et Patry) ont même réussi à » faire de l'acier que les Anglois appellent acier fondu, et » qui peut servir à toutes sortes d'ouvrages superfins, tels » que les tats des monnoies et médailles, instruments de » chirurgie, rasoirs et coutellerie en tout genre. On n'y » trouve ny cendrures, ny filandrures, ny grains ferreux. » Celui-ci, plus parfait, ne peut être fabriqué qu'avec » du fer de Suède, et les Anglois ne s'en servent même » pas d'autre. Mais le fer de France converti en cet mais aussitôt que cette négociation fut engagée, ces fabricants se trouvèrent arrêtés par la question des fers indigènes. Dans le même mois où les sieurs Sanche et Patry avaient présenté leur mémoire et exposé que leur fabrication était essentiellement fondée sur l'emploi des fers de Suède, ils comprirent que cette condition leur interdirait tout espoir de succès : ils durent aussitôt changer de langage (1). Des personnes considérables qui s'intéressaient à leurs travaux, leur objectèrent, en effet, que la protection du gouvernement ne leur serait complétement acquise que le jour où

» acier superfin, ne donnant qu'un acier trop fier et dif-
» ficile à travailler, les sieurs Patry et Sanche, ne peu-
» vent se flater de parvenir à faire usage du fer de la na-
» tion que par une suite de travaux et d'expériences... »

Amboise, 9 mai 1783. — Mémoire adressé à M. l'intendant général des finances.

(1) « J'ai bien de l'empressement à savoir votre façon
» de penser sur nos aciers et limes. Les fonds considéra-
» bles que j'ai versés dans cette entreprise, justifieront mon
» impatience... M. Sanche fait actuellement préparer,
» dans les forges de la nation, des fers propres a la fabri-
» cation de l'acier ; il se flate de pouvoir absolument se
» passer du fer de l'étranger. »

Paris, 26 mai 1783. Lettre du sieur Patry à M. l'intendant général des finances.

« Je suis on ne peut plus sensible à l'intérêt que vous
» voulez bien prendre à cette affaire, dont j'avois déjà
» conféré plusieurs fois avec M. le duc de Choiseul, qui
» m'objecta toujours que le gouvernement seroit bien
» plus satisfait si je pouvois faire de bon acier avec du fer
» de France, et m'engagea de redoubler d'activité et de
» soins pour y parvenir ; il ne falloit pas moins que l'inté-
» rêt qu'il parut y prendre pour augmenter mon zèle ....
» En conséquence, le 28 et le 29 du mois dernier j'ai pro-
» cédé à des expériences...... Le rapport de ces ouvriers

leur fabrication serait fondée sur l'emploi des fers du royaume. La vraie solution que les sieurs Sanche et Patry avaient trouvée au prix de tant de sacrifices et d'efforts, fut donc considérée comme non avenue. Dès le mois de mai 1783, Sanche dut quitter tout à coup la voie où il travaillait depuis longtemps, d'après les indications qu'il avait puisées dans les écrits de Jars, pour se mettre à la recherche des fers indigènes propres à la fabrication de l'acier. Pendant quatre années, ce courageux fabricant dut lutter contre les difficultés que lui suscitaient le manque de capitaux et l'imperfection des fers indigènes. Pendant cette

---

» est que l'acier marqué *croix de Lorraine*, est supérieur » de beaucoup à celui d'Angleterre....., que le seul défaut » étoit de manquer un peu de netteté, ce qui provient uniquement du peu d'expérience des ouvriers qui ne sont » point habitués à le forger. Je me flate qu'ils ne tarderont pas à acquérir les degrés de perfection désirable. »

Amboise, 5 juin 1783. — Lettre du sieur Sanche à M. l'intendant général des finances.

« Les gersures seroient un défaut qui prouveroit que » le fer de France ne seroit point propre à être converti » en acier ; il est vrai qu'il a naturellement ce défaut, » mais je suis parvenu à lui enlever les parties arsenicales, qui sans doute les occasionnoient. C'est par cette » raison que je me suis empressé de vous faire passer » cette nouvelle épreuve. Dans l'essai que j'en ai fait » faire, on a remarqué qu'il se forgeoit et se soudoit très-bien, ne donnoit pas de gersures, prenoit la trempe la » plus dure possible et formoit un grain de la dernière finesse. La seule chose que j'ai cru y apercevoir, c'est en » effet quelques petites cendrures, mais imperceptibles, qui » ne proviennent uniquement que du peu d'attention que » l'on porte dans les forges à la fabrication du fer. Je me » propose bien de rectifier ce défaut important. ... »

Amboise, 21 juin 1783. — Lettre du sieur Sanche à M. l'intendant général des finances.

période difficile, il dut s'appliquer principalement à perfectionner, dans les forges à fer, la fabrication de la matière première qu'on lui imposait, au lieu de se livrer à la question essentielle, la fabrication des aciers bruts et ouvrés. A force d'adresse, de tact et de persévérance, Sanche atteignit enfin son but : en continuant à employer le fer de Suède pour sa fabrication courante, il fonda la réputation commerciale de sa manufacture, et il donna satisfaction aux préoccupations patriotiques de ses protecteurs en faisant constater par des expériences officielles, que les aciers provenant de certains fers du Berri, auxquels des soins tout particuliers avaient donné une grande pureté, égalaient en qualité les meilleurs aciers étrangers. Il s'excusa d'avoir employé jusque-là les fers de Suède, en représentant que les forges du royaume ne pouvaient actuellement fournir de bons fers à acier; qu'il suffisait d'avoir prouvé que les fers indigènes, fabriqués par des méthodes particulières, pouvaient être convertis en bon acier; que la fabrique d'Amboise, lorsqu'elle serait enfin constituée et pourvue de capitaux suffisants, pourrait elle-même préparer ses fers à acier dans des forges qu'elle exploiterait à cet effet.

Enfin, à la suite de rapports favorables présentés, vers la fin de l'année 1786, par Sage, Vandermonde, Monge, Berthollet et le baron de Dietrich, le gouvernement accorda les priviléges qui lui étaient demandés. La fabrique d'Amboise prit le nom de *manufacture royale d'acier fin et fondu*: un patronage puissant, d'abondants capitaux lui furent assurés; en moins d'un an, la manufacture pourvue de douze grands fours de cémentation, de quarante martinets et de quatre-vingts forges à ouvrer l'acier, devint le plus grand établissement de l'Europe. Un document imprimé le 17 juillet 1787, au moment où la compagnie achevait les constructions de la manufacture d'Amboise, signale l'importance de l'établissement et la direction qui fut dès lors imposée à l'habile praticien qui l'avait fondé : je crois utile d'en rappeler quelques passages.

..... « L'administration voulant encore s'assurer » des procédés du sieur Sanche, a nommé pour » commissaire M. le baron de Dietrick, membre de l'Académie, qui s'est transporté à Amboise et a suivi la conversion des fers en acier » depuis son principe jusqu'à la fin. L'acier a été » fondu en sa présence; et l'emploi fait au Luxembourg, par les artistes les plus fameux, et sous » les yeux d'un public instruit, a prouvé que l'acier d'Amboise égale en qualité celui des manufactures les plus renommées de l'Europe. » C'est d'après son rapport que le gouvernement » a favorisé cette noble entreprise.

» Des citoyens zélés se sont alors réunis pour » former, à Amboise, un établissement de fabrication d'acier qui, par son étendue et sa perfection, peut être regardé comme un établissement » national. S. A. S. monseigneur le duc de Penthièvre, seigneur propriétaire d'Amboise, l'a » honoré de sa protection. M. l'archevêque de » Tours, M. l'intendant et les chefs de la province » s'intéressent à ses succès.

» On s'est occupé de l'établissement en grand; » six fourneaux.... qui contiennent chacun de 32 » à 36 milliers, à chaque cuite, ont été construits » avec tous les ateliers et les magasins necessaires; » et six autres fourneaux vont être achevés très-

» incessamment. Six cents ouvriers sont déjà oc-» cupés à ces utiles travaux; le nombre s'en ac-» croît tous les jours en proportion des besoins. . .

» La compagnie ..... a reconnu que le premier » avantage que la France pourroit retirer de cet » établissement seroit d'y employer ses fers; mais » ceux qui se fabriquent actuellement n'ayant pas, » pour la plupart, les qualités requises, la com-» pagnie est au moment de prendre à ferme des » forges où elle épurera elle-même ces fers, au » point où ils doivent l'être, et leur donnera, par » ses dépenses et ses découvertes, toutes les per-» fections dont ils sont susceptibles.

» . . . La compagnie désirant connaître la qua-» lité des fers de France les plus propres à être » convertis en acier, se propose de faire, au mois » de novembre prochain, une fournée de ceux » qui lui seront envoyés; elle invite, à cet effet, » MM. les maîtres de forge qui désireroient faire » connaître la qualité de leurs fers, d'en adresser, » à la manufacture, à Amboise, environ 100 li-» vres, de 18 lignes de large sur 6 à 7 lignes » d'épaisseur. La compagnie vient d'éprouver les » fers du comté de Foix, provenant des forges de » M. le président de Laage, qui ont été indiqués » par M. le baron de Dietrick : il résulte de cette » expérience que l'acier qui en est provenu sur-» passe en qualité celui fait avec des fers étrangers.»

Engagée, dès sa création, dans la voie des essais et des expériences, lorsqu'il convenait surtout de s'attacher à exploiter les méthodes de travail dont l'efficacité était constatée, la manufacture d'Amboise dissipa inutilement le capital dont elle disposait; elle perdit la réputation qu'elle s'était acquise par les travaux de Sanche, au point que, pendant la période révolutionnaire, elle se trouva presque effacée par deux autres usines qui s'établirent sur la Basse-Loire, à Angers et à Nantes. Le sieur Ducluzel qui, au commencement de la révolution, avait succédé au sieur Sanche, et qui avait suivi la direction imposée par l'opinion à l'égard des fers indigènes, avait échoué comme lui contre l'impossibilité d'obtenir des fers de qualité convenable. Découragé, à la suite de tant d'efforts infructueux, et demandant au gouvernement du Directoire quelques secours d'argent pour maintenir sa fabrique en activité, il ne voyait d'autre moyen de salut pour son industrie que dans une intervention directe du gouvernement, obligeant les maîtres de forges à fabriquer de meilleurs fers; il écrivait le 14 ventôse an VIII :

« Lorsque je commençai à faire des aciers à » Amboise, je vis avec douleur que les fers nationaux ne convenoient pas pour la cémentation, » et qu'il falloit les faire venir de la Suède; je fis » l'essai de presque tous les fers de France, et, » persistant dans mes recherches, j'en fis épurer » dans mes usines qui me donnèrent un meilleur » résultat; alors je reconnus qu'il ne manquoit que » du soin et du travail dans les forges à fer des différents cantons de la république; j'en obtins provenant des mines du Berry, desquels je fis des aciers » aussi bons que ceux des fers de Suède : il me paroît qu'il seroit maintenant difficile de porter » les maîtres de forge à épurer et martiner leurs » fers comme il faudroit qu'ils le fussent pour faire » de bon acier, et qu'il seroit nécessaire que le » gouvernement prît des mesures à ce sujet pour » n'être pas tenu de recourir en Suède, pour pouvoir faire des aciers en France, bons à tous usages. »

3e période des aciéries de cémentation.

1793—1814.

La troisième période de l'histoire de nos aciéries commence en 1793; la guerre qui éclata à cette époque, la brusque interruption de toutes les relations commerciales, donnèrent lieu tout à coup à une pénurie d'acier jusqu'alors sans exemple. Sous l'empire de cette nécessité, l'idée de fabriquer l'acier avec des matériaux indigènes se produisit de toutes parts, et le gouvernement révolutionnaire l'appliqua sans délai avec l'énergie qu'il apportait dans tous ses actes. Un volume ne suffirait pas pour rendre compte de ce que le gouvernement fit dans cette voie, et il est vraisemblable que jamais la France ne se retrouvera dans des conditions aussi favorables pour constater les ressources que le sol peut offrir à la fabrication de l'acier : à l'appui de ces assertions, il suffira de présenter ici un résumé très-succinct des faits principaux.

Mesures révolutionnaires ; création de nombreuses aciéries.

La mission d'organiser la fabrication des aciers fins fut confiée à une administration spéciale appelée d'abord : *Agence des armes portatives*, et plus tard, *Commission des armes, poudres et exploitation des mines ;* cette administration correspondait directement d'une part avec le *Comité de salut public*, dans lequel étaient concentrés tous les pouvoirs de l'État; de l'autre avec les *agents nationaux* établis dans chaque district.

Le comité de salut public fit rédiger immédiatement par les hommes les plus compétents une instruction (1) qui rappelait tout ce que l'on

(1) *Avis aux ouvriers en fer sur la fabrication de l'acier, publié par ordre du comité de salut public.* Imp. du département de la guerre. — Le fonds de l'instruction avait été rédigé par Vandermonde, Monge et Berthollet.

connaissait alors de plus précis sur l'art de fabriquer l'acier naturel et l'acier de cémentation. L'opinion exprimée par les auteurs concernant le choix des fers à acier n'était que le résumé des faits que l'on avait cru constater en 1786, à l'occasion des expériences officielles de la fabrique d'Amboise. Le préambule de l'instruction et le paragraphe concernant le choix des fers à acier, indiquent très-bien les sentiments qui stimulaient l'industrie française et les conditions techniques que celle-ci allait prendre pour point de départ.

« Pendant que nos frères prodiguent leur sang » contre les ennemis de la liberté, pendant que » nous sommes en seconde ligne derrière eux, » amis, il faut que notre énergie tire de notre sol » toutes les ressources dont nous avons besoin, et » que nous apprenions à l'Europe que la France » trouve dans son sein tout ce qui est nécessaire » à son courage. L'acier nous manque, l'acier qui » doit servir à fabriquer les armes dont chaque ci- » toyen doit se servir pour terminer enfin la lutte » de la liberté contre l'esclavage.

» Jusqu'à présent, des relations amicales avec » nos voisins, et surtout les entraves qui faisoient » languir notre industrie, nous ont fait négliger » la fabrication de l'acier. L'Angleterre et l'Alle- » magne en fournissoient à la plus grande partie » de nos besoins; mais les despotes de l'Angle- » terre et de l'Allemagne ont rompu tout com- » merce avec nous. Eh bien, faisons notre acier.

» Nous allons vous présenter quelques notions » qui doivent nous guider dans une entreprise gé- » néreuse pour ce moment, utile à notre indus- » trie pour l'avenir.

. . . .

» Nous répéterons que la bonne qualité du » fer est une condition indispensable pour obtenir » un bon acier : il importe de choisir celui de la » meilleure espèce, et les Anglois qui préparent » presque exclusivement l'acier de cémentation » retiennent pour cet objet tout le fer de Ros- » lagie, qui est le meilleur qui se fabrique en » Suède, et ils le payent beaucoup plus cher.

» Il ne suffit pas que le fer ne contienne pas de » principe nuisible, il faut encore qu'il soit forgé » avec soin..... Nous nous sommes convaincus » nous-mêmes que des fers de France, de bonne » qualité, tels que ceux du ci-devant Berry, ne » faisoient que du mauvais acier lorsqu'on les cé- » mentoit dans l'état où ils sortent ordinairement » des forges ; mais les mêmes fers ayant été » forgés et corroyés avec soin, ont formé de l'a- » cier aussi bon que celui qui a été fait en même » temps avec un excellent fer de Suède. Dans une » autre expérience, l'acier préparé avec du fer du » ci-devant comté de Foix, qui avoit été bien » forgé, a produit de l'acier d'une qualité égale » à celui qu'on a obtenu dans la même opération » avec le fer de Suède.

» Il résulte de là : 1° que le meilleur fer de » Suède doit moins la propriété qu'il a de former » du bon acier à une qualité particulière du mi- » nerai, qu'au soin avec lequel il est forgé et sou- » mis à l'action des martinets ; 2° que nous avons » en France des fers qui peuvent nous procurer » un bon acier pourvu qu'on veille à ce qu'ils » soient bien forgés ; mais la seule négligence dans » cette opération peut faire échouer une entre- » prise d'ailleurs bien conduite. Ainsi, le premier » soin que l'on doit prendre pour se procurer de

» bon acier, c'est de se procurer du bon fer..... »

Le 3 floréal an II, l'instruction fut adressée à tous les agents nationaux avec invitation d'agir vivement sur les municipalités et les sociétés populaires de chaque district. La France fut aussitôt couverte de circulaires appelant tous les citoyens à la fabrication de l'acier. Dès le même mois, plusieurs ateliers furent créés : l'agent national près le district de Toulouse, écrivait, par exemple, dès le 17 floréal :

« Aux municipalités et sociétés populaires de » l'arrondissement de Toulouse, citoyens, frères » et amis, l'administration générale des armes m'a » adressé une lettre en date du 3 de ce mois relative aux fabriques d'aciéries, qu'elle se propose » d'établir dans les différentes parties de la république, où les localités pourront comporter de » pareils établissements.

» Elle invite les citoyens qui seroient dans le » cas de les former comme propriétaires de fourneaux et de forges, ou qui en auroient le désir, » à se montrer, et me prescrit de les lui faire connoître pour leur offrir aussitôt tous les secours » en instructions ou en avances pécuniaires qui » pourroient leur manquer.....

» Pendant longtemps la France est restée, pour » la fabrication de l'acier, sous la dépendance des » Anglois et des Allemands. Cette dépendance » honteuse, digne fruit des intrigues et de la basse » politique des cours, pouvoit être supportée sous » le règne de la tyrannie. Elle seroit un crime, » une tache d'infamie chez un peuple libre, et avec » toutes les ressources et matières premières que » nous offre notre territoire.

» Une instruction très-détaillée sur la fabrication

» de l'acier m'a été adressée par le comité de salut » public..... Je suis chargé par le comité de la » communiquer aux citoyens qui se présenteront.

» Déjà à Toulouse, un atelier d'aciérie a été » établi. Les premiers essais des artistes qui le di- » rigent ont été des succès et méritent de rivaliser » avec l'acier le mieux perfectionné de nos voi- » sins. Des échantillons ont été envoyés à la Con- » vention nationale.....

» Que l'œil perçant de votre surveillance force » le talent modeste et timide à se découvrir, en » même temps que vous marquerez d'une tache » indélébile l'homme égoïste qui par une insou- » ciance coupable, se refuseroit de concourir avec » nous pour augmenter nos ressources et consoli- » der l'édifice du bonheur public... »

Beaucoup de citoyens répondirent à cet appel : de volumineux dossiers témoignent de l'activité et de la persévérance qu'apporta l'agence des armes à s'assurer des garanties qui lui étaient offertes par chacun et à favoriser les ateliers établis sous la protection spéciale, et même avec les capitaux de l'État.

Les chefs d'aciéries qui ne pouvaient se procurer les ouvriers que la guerre enlevait à leurs travaux, obtenaient par *réquisition* ceux qu'ils désignaient eux-mêmes. Des réquisitions leur procuraient également les matières premières que le cours forcé des assignats et la loi du *maximum*, ne permettaient pas d'obtenir par voie de libre échange. Plusieurs usines furent établies, sans mise de fonds première, sur l'emplacement des propriétés nationales.

Parmi les aciéries qui s'élevèrent alors de toutes

parts, celles qui préoccupèrent le plus l'attention de l'agence des armes furent créées : à Paris aux Feuillants et au faubourg Saint-Antoine; près de Thionville (Moselle); au Hâvre (Seine-Inférieure); à Caumont (Eure); près de Lorient (Morbihan); à Nantes (2 usines, Loire-Inférieure); à Angers (Maine-et-Loire); à Amboise (Indre-et-Loire); à Souppes et à Nérouville (Seine-et-Marne); à Brienne (Aube); à St.-Dié (2 usines), à La Hutte et à Droiteval (Vosges); à Mont-sur-Tille (Côte-d'Or); à Nevers et à Bizy (Nièvre); à Outrefurens (Loire); à Chantemerle (Hautes-Alpes); à l'arsenal de Toulon (Var); près de Marseille (Bouches-du-Rhône); à Alais (Gard); à Nogaro (Gers); à Eucausse (Basses-Pyrénées); à Agen (Lot-et-Garonne); à Toulouse (Haute-Garonne); à Limoges (Haute-Vienne), etc.

Essor et décadence rapide des aciéries révolutionnaires.

La plupart de ces usines furent établies spécialement pour élaborer les fers indigènes, et l'on retrouve souvent dans le choix qui fut fait des localités et des matières premières, la tradition des expériences officielles de la période précédente. C'est ainsi que l'aciérie de Thionville élaborait les fers de la forge de Longuïon, sur lesquels Grignon avait opéré en 1779. Toutefois, quelques usines employèrent aussi concurremment des marques inférieures de Suède; les usines de Nantes et d'Angers furent de ce nombre, et il est digne de remarque que, nonobstant leur origine récente, ces dernières contribuèrent beaucoup plus à l'approvisionnement des armées de l'Ouest et des arsenaux maritimes de la Bretagne que ne le fit l'aciérie d'Amboise, qui n'employait plus alors que les fers indigènes. L'aciérie de Toulon, créée sous la direction d'un habile officier d'artillerie, et sur laquelle il existe beaucoup de documents, employa d'abord des fers de Suède; mais, à la suite d'expériences comparatives dont il reste des procès-verbaux détaillés, on se décida à employer exclusivement les fers de Franche Comté. Ici encore se reproduisit la confusion qui avait toujours conduit à des résultats erronés. Les neuf sortes de fers suédois que l'on employa et qui sont clairement désignées par leurs marques dans les rapports officiels, n'étaient que des qualités ordinaires qui n'ont jamais été classées en Angleterre parmi les fers à acier. L'aciérie de Toulon, comme plusieurs autres construites à cette époque, rendit temporairement de réels services; c'est par exemple dans cet atelier que furent construits les ressorts des voitures qui amenèrent à Paris les objets d'art conquis en Italie. Aucun de ces établissements, toutefois, ne put surmonter les obstacles qui résultaient de l'imperfection des matières premières: aux époques où toute l'Europe était en armes contre la France, l'agence des armes dut confier à des agents commerciaux la mission d'aller acheter hors de la frontière, les aciers fins dont les arsenaux étaient dépourvus; lorsque plus tard le retour de la paix eut rétabli les relations commerciales, lorsque surtout les premières guerres de l'empire eurent mis à la disposition de la France les aciers naturels du Rhin, toutes les aciéries de cémentation créées au prix de tant d'efforts et de sacrifices, mais qui ne tiraient pas du sol même leurs raisons d'existence, cessèrent immédiatement leurs travaux. Comme je le dirai plus loin, la trace de cette industrie ne fut guère conservée dans l'empire qu'à l'occasion des essais relatifs à la fabrication de l'acier fondu.

La quatrième période de l'histoire de nos aciéries, commence avec la restauration : elle offre un contraste remarquable avec les trois périodes précédentes. Dès l'année 1817, des ateliers de cémentation, fondés essentiellement sur l'emploi des fers indigènes et particulièrement de ceux des Pyrénées, commencèrent à se développer et n'ont cessé jusqu'à ce jour de croître régulièrement. Dès l'année 1831, la France produisait 24.022 q. m. d'aciers cémentés bruts; en 1843, ce produit a été porté à 58.121 q. m. L'établissement régulier, et le progrès continu des aciéries de cémentation sont donc des faits parfaitement avérés; mais on en conclurait à tort que notre sol offre à l'industrie des aciers, des ressources qui étaient ignorées aux périodes précédentes. Sur le fait essentiel, la qualité des fers à acier, les conditions techniques sont exactement les mêmes que celles qui existaient précédemment. La différence des résultats ne doit point être attribuée à une propriété qui se serait manifestée récemment dans les fers du royaume; elle est uniquement due à deux circonstances essentiellement indépendantes des ressources minérales du pays : quelques détails suffiront pour mettre cette vérité dans tout son jour.

4e période des aciéries de cémentation : 1814-1844.

Essor des aciéries.

Sous l'ancienne monarchie, sous la république et sous l'empire, le gouvernement s'est toujours préoccupé, en ce qui le concernait, de procurer à bas prix à l'agriculture et à l'industrie, les fers et les aciers bruts ainsi que les outils fabriqués avec ces métaux. Les droits de douane, toujours très-modérés, se sont souvent réduits à une sorte de droit de balance. Ce système d'administration était poussé à ce point que, pendant le siècle dernier, les droits imposés à l'exportation des fers bruts pro-

Modification fondamentale propre à cette période.

duits en France, ont été ordinairement plus élevés que ceux qui grevaient l'importation des fers étrangers (1).

Comme je l'ai déjà remarqué, si Réaumur, en 1722, n'eut pas égaré l'industrie nationale, celle-ci, pourvue des fers de Suède, se fût développée dans la même voie que l'Angleterre; elle l'eût fait vraisemblablement avec succès, puisque, pendant toute la durée du XVIIIe siècle, l'Angleterre crut devoir frapper de droits assez élevés l'importation des fers étrangers. Par ce seul motif les aciéries françaises, en portant aux marchés neutres les aciers fabriqués avec les fers suédois, y eussent trouvé sur les usines anglaises un avantage qui, dans les conditions actuelles, est au contraire acquis à ces dernières. Les anciens gouvernements n'ont jamais méconnu néanmoins, les avantages que pouvait assurer au territoire l'industrie des fers et des aciers, et, en ce qui concerne les aciéries par exemple, l'histoire dont j'ai reproduit un très-court résumé témoigne assez de leur constante sollicitude : celle-ci se manifestait ordinairement par des encouragements accordés directement aux usines naissantes, et non par l'élévation artificielle du prix de vente sur le marché intérieur. Les frais qu'entraînait ce système de protection étaient généralement prélevés d'une manière directe sur le trésor public, et non indirectement sur les contribuables consommateurs du produit.

Influence des tarifs de la restauration.

La restauration a cru devoir adopter le système inverse, et en ce qui concerne l'acier, des droits de douane fort élevés furent imposés à l'en-

(1) De 1701 à 1718, par exemple, le droit d'exportation était de 20 liv. tourn. par millier pesant, tandis que le droit d'importation n'était que de 5 liv.

trée des produits bruts et des outils. A une protection modérée, variable comme les volontés ministérielles et constamment inquiète du succès, fut substituée une protection considérable, garantie par la loi, peu gênante pour les protégés.

Dans aucun système assurément, l'aciérie élaborant les fers français ne pourra se soustraire à l'inconvénient résultant de l'imperfection de la matière première; ses produits, par comparaison avec les produits étrangers similaires, seront toujours de qualité inférieure : elle pourra néanmoins prospérer et se développer constamment, si un tarif de douane invariable et suffisamment élevé rétablit l'équilibre en sa faveur. Pour une matière première aussi indispensable que l'acier, et qui, à la rigueur, ainsi que je l'indique au début de ce mémoire, peut se fabriquer en tout pays et avec tous les fers, un tel système économique fera prospérer des aciéries partout où on le désirera. L'on pourrait, par exemple, rendre chacune de nos provinces à peu près indépendante, sous ce rapport, de tout commerce extérieur : le succès dans cette voie n'aurait d'autres limites que celles qu'on voudrait apporter au tarif imposé à l'importation des aciers fabriqués au dehors.

On conçoit donc très-bien que, sous une telle influence, les aciéries élaborant les fers indigènes aient pu prendre un essor qui jusqu'alors leur avait été interdit : et s'il est vrai que, dans cette période, le tarif à l'entrée des produits étrangers ait été beaucoup plus élevé que dans les périodes précédentes, il est clair qu'on ne peut tirer de cet essor aucun argument pour établir que des qualités nouvelles auraient été développées tout à coup dans les fers indigènes. Je ne connais jusqu'à ce jour aucun fait qui donne même lieu de soupçonner que la propension aciéreuse de nos fers soit devenue plus prononcée qu'aux époques où Réaumur, Jars, Grignon, Sanche, etc., poursuivaient leurs expériences : sous ce rapport, les conditions techniques de la fabrication de l'acier sont aujourd'hui ce qu'elles étaient précédemment. Le fait essentiellement nouveau et propre à la quatrième période est la modification profonde introduite par les lois de douanes, dans les conditions économiques et commerciales de la fabrication de l'acier.

Tarif imposé à diverses époques à l'entrée des aciers.

Pour faire apprécier la portée des mesures prises par la restauration, il me suffira de citer les principales modifications du tarif français depuis 1664.

Droits par 100 kilogr. d'aciers importés par navires étrangers ou par terre.

DATES des titres de perception.	ACIERS BRUTS		OUTILS D'ACIER divers (1).	
	naturels ou de cémentation étirés	fondus étirés.	Droit minimum.	Droit maximum
	fr	fr.	fr.	fr.
18 septembre 1664	2,90	»	4,14	4,14
25 novembre 1687	12,41	»	4,14	4,14
3 juillet 1692	10,41	»	6,21	6,21
2 avril 1701	6,21	»	6,21	6,21
15 janvier 1704	2,90	»	6,21	6,21
15 mars 1791	6,12	6,12	23,15	79,25
1er août 1792	6,12	6,12	23,15	79,25
20 thermidor an III	0,61	0,61	4,08	76,50
3 frimaire an V	3,06	3,06	20,40	prohib.
24 nivôse an V	0,51	0,51	20,40	prohib.
6 prairial an VII	0,56	0,56	22,44	84,15
30 avril 1806	9,90	9,90	22,44	84,15
1814 à 1826. — Tarif existant en 1846	72,05	161,35	95,15	291,50

(1) Je ne comprends ici, sous le nom d'outils d'acier,

Je ne pense pas qu'il y ait besoin d'ajouter aucun commentaire au tableau précédent; je rappellerai seulement, pour éclairer les personnes qui ne connaissent pas le prix courant des aciers en Europe, qu'on peut se procurer, dans les entrepôts suédois, les aciers cémentés étirés provenant des meilleures fabriques suédoises, au prix de 38 fr. le 100 kilogr.; qu'à Sheffield les aciers cémentés fondus provenant des premières marques de Danemora, et étirés en barres minces pour coutellerie fine, se vendent ordinairement de 170 à 190 fr. les 100 kilogr. (Voir la note préliminaire.)

En rapportant ces faits, je ne prétends ni blâmer ni louer aucun des deux systèmes de douanes qui ont prévalu en France, soit jusqu'à la fin de l'empire, soit à dater de la restauration; je constate seulement l'influence du fait principal qui distingue, des époques précédentes, la quatrième période de l'histoire de nos aciéries de cémentation.

Création d'aciéries élaborant les fers du Nord.

Les premières aciéries créées à la faveur du nouveau tarif eurent d'abord pour but d'élaborer les fers indigènes; mais, peu à peu, divers fabricants, éclairés enfin sur les véritables causes de la prospérité des aciéries anglaises, commencèrent à employer des fers suédois; c'est seulement à dater

---

que ceux qui sont employés dans les arts usuels. Les droits imposés à l'entrée de ces divers outils sont établis comme suit :

	fr.
Limes à grosses tailles, dites communes; faucilles.	95,15
Scies ayant 1m,46 de longueur et plus. . . .	165,45
Faux.	176,80
Limes fines de 0m,17 de longueur et au-dessus; scies ayant moins de 1m,45 de longueur.	233,75
Limes fines ayant moins de 0m,17 de longueur.	291,50

de cette époque que l'industrie de l'acier a été constituée en France sur de solides bases. Tant que le fer de Suède conservera la supériorité qui, depuis deux siècles, lui est acquise par comparaison avec les fers indigènes, les aciéries fondées sur l'emploi de ces derniers fers n'auront jamais qu'une existence artificielle. Si l'on veut prendre la peine de s'enquérir des résultats que produirait aujourd'hui une forte réduction dans le tarif imposé à l'entrée des aciers bruts étrangers, on trouvera que cette mesure entraînerait infailliblement la ruine de toutes les aciéries fondées sur l'emploi des fers indigènes; on trouvera aussi que les seules usines qui aient chance de résister à cette crise sont celles qui s'appliquent à élaborer les meilleurs fers du Nord. La raison en est évidente : si l'on admet que les deux classes d'aciéries se procurent leurs fers au même prix, soient placées dans les mêmes conditions et opèrent avec la même habileté, le fabricant qui élabore le fer indigène n'obtenant qu'un produit inférieur, ne pourra le placer dans le commerce au prix qui est accordé pour le produit analogue de son concurrent : il devra donc échouer, par le fait de la concurrence intérieure, lors même qu'il ne serait pas atteint par la concurrence étrangère. Ici l'on ne peut attendre du temps et de la conservation des tarifs, les heureux résultats qu'on peut espérer dans l'élaboration des cotons, des lins, des autres métaux; dans ces dernières industries, la question de la matière première n'est rien en comparaison des autres questions économiques et techniques : c'est précisément le contraire dans l'industrie de l'acier.

Situation faite aux aciéries par le tarif de 1814.

En résumé, l'essor des aciéries françaises pendant la quatrième période, résulte de causes essentiellement étrangères à la propension aciéreuse des fers indigènes : il est dû, en premier lieu, aux tarifs élevés établis par la restauration ; en second lieu, à l'emploi que l'on commence à faire des bonnes sortes de fers à acier du Nord. Dans cette période, comme dans les précédentes, on n'a jamais fait d'aciers fins en France qu'en cémentant les fers du Nord : ce sont les aciers fabriqués d'après ce principe qui seuls peuvent prétendre à lutter un jour contre les aciers étrangers, dans les conditions d'une libre concurrence. Tant que l'infériorité actuelle des fers indigènes subsistera, on pourra sans doute, à l'aide des tarifs, augmenter à volonté la production des aciers entièrement indigènes ; mais, quelle que soit l'habileté acquise par nos fabricants, l'édifice industriel ainsi créé n'aura jamais d'autre base que le tarif, et s'écroulera infailliblement dès que celui-ci sera supprimé ou notablement réduit.

En traçant cette histoire de nos aciéries, je me suis seulement attaché au point essentiel pour la question en litige, à la fabrication des aciers bruts de cémentation. L'histoire de nos fabriques d'acier naturel et d'acier fondu prouverait également l'insuffisance des ressources que celles-ci ont tiré jusqu'à ce jour des matériaux indigènes. Il me paraît superflu toutefois d'entrer à ce sujet dans des détails circonstanciés ; je me bornerai à exposer ici un petit nombre de faits qui me paraissent compléter suffisamment cette appréciation sommaire du passé des aciéries françaises.

Indications historiques sur les fabriques d'acier naturel.

Les fabriques d'acier naturel datent, en France, d'une époque fort antérieure à celle des aciéries de cémentation ; les produits de celles de ces fabriques qui tirent leurs matières premières du sol français ont toujours été de qualité inférieure, par comparaison avec les produits similaires fournis par les fabriques allemandes. Les anciens gouvernements ont cependant accueilli avec faveur toutes les personnes qui prétendaient avoir trouvé les moyens d'améliorer la fabrication, et parfois même ils ont pris l'initiative des améliorations. C'est même sur cette classe de fabriques que se portèrent d'abord les efforts les plus directs de l'agence des armes portatives, au commencement des guerres de la révolution. Ces fabriques étaient toutes créées; l'instruction rédigée par l'ordre du comité de salut public donnait l'espoir de perfectionner leurs produits par de meilleures méthodes de travail : c'est donc à ces usines que l'on demanda la matière première des douze cent mille baïonnettes, dont la fabrication préoccupa surtout l'agence des armes. Des écoles pratiques furent immédiatement créées dans les diverses provinces où se fabriquait l'acier naturel : les meilleurs ouvriers, mis en réquisition, y expérimentèrent les méthodes recommandées par le comité de salut public, pour propager ensuite, dans les forges de la république, celles de ces méthodes dont la supériorité aurait été ainsi constatée. Des agens d'un ordre plus élevé furent chargés, en qualité d'*inspecteurs d'aciéries*, de diriger ces tentatives; trois de ces inspecteurs, chacun aux appointements de 6.000 fr., furent créés pour la seule province du Nivernais. Mais tous ces efforts restèrent sans résultat. Une volumineuse correspondance, conservée dans les archives de l'administration des mines, montre comment l'agence des armes dut renoncer peu à peu à toutes les illusions qu'on s'était faites sur les fabriques indigènes d'acier naturel. Pour la province du Nivernais en particulier, deux inspecteurs furent bientôt supprimés : le troisième fut d'abord conservé sur la recommandation de plusieurs maîtres de forges qui rendirent d'excellents témoignages du zèle et de la capacité de cet agent; toutefois ses appointements furent réduits à 1.200 fr. Après cinq ou six années, l'emploi fut définitivement supprimé, sur un rapport qui constatait que l'institution des inspecteurs d'aciéries n'avait produit aucun résultat pratique digne d'être signalé.

En résumé, les fabriques d'acier naturel ont introduit depuis un siècle, dans leurs méthodes de travail, quelques-unes des améliorations que le renchérissement du combustible végétal et le progrès général des arts ont propagées, sur une plus grande échelle, dans l'ensemble des forges françaises, comme dans toutes les usines de l'Europe; mais aucune modification essentielle n'a été apportée à la qualité des produits. Le jugement que Diderot portait, en 1751, de la valeur relative des aciers naturels du royaume et des aciers allemands et anglais, pourrait être conservé aujourd'hui, mot pour mot, dans une nouvelle édition de l'Encyclopédie.

Aperçu historique sur la fabrication de l'acier fondu.

Vers le milieu du dernier siècle, lorsque la fabrication de l'acier fondu commença à se développer en Angleterre, la France n'avait pas encore réussi à fabriquer l'acier de cémentation; elle ne put donc suivre l'Angleterre dans la voie qui lui assurait désormais la supériorité, sur tous les marchés, pour les aciers bruts et ouvrés de qualité supérieure. Dans l'opinion que Réaumur avait fixée en France, les mécomptes éprouvés jusque-là par les aciéries françaises, avaient été attribuées à ce que celles-ci n'avaient pu encore s'approprier le véritable secret du *cément* d'Angleterre : dans le même ordre d'idées, on persista à méconnaître la cause qui faisait obstacle à la production de l'acier fondu et l'on crut généralement la trouver dans l'ignorance du *flux* mystérieux employé par les anglais. J'ai indiqué ci-dessus comment l'ingénieux fondateur de l'aciérie d'Amboise, parvint en 1782 à fabriquer de bon acier fondu avec les fers de Suède, et comment les exigences de l'opinion et les expériences officielles qui lui furent imposées, empêchèrent le développement de la solution qu'il avait trouvée.

Les tentatives ayant rapport à la fabrication de l'acier fondu, furent peu nombreuses et peu suivies sous le gouvernement de la république; mais elles furent reprises avec une grande activité, vers les dernières années de l'Empire. Les résultats les plus remarquables furent obtenus à Liége par les frères Poncelet; toutefois ces habiles fabricants ne purent rien fonder de durable, par la même cause qui avait fait échouer Sanche à Amboise. Ici encore le préjugé, prévalant sur l'expérience, rendit stériles les plus louables efforts.

Les frères Poncelet avaient fait leurs premiers aciers fondus avec les fers suédois de Danemora. Ces aciers furent trouvés de qualité supérieure; mais on fit comprendre à ces fabricants, que pour prétendre au grand prix de 4.000 francs, institué pour la production de l'acier fondu, ils devaient s'appliquer à élaborer des fers indigènes. Les frères Poncelet recommencèrent donc leurs essais sur des fers provenant en partie des Pyrénées, et en partie du département de la Roër; il en résulta des aciers évidemment inférieurs aux premiers produits. Un rapport officiel rédigé en 1809, fit un grand éloge des nouveaux aciers fondus des frères Poncelet, les encouragea à persévérer dans cette voie, mais conclut toutefois en proposant de reculer de deux années le terme fixé pour l'octroi du prix de 4.000 francs. Je citerai plusieurs passages de ce rapport qui caractérisent parfaitement la persistance avec laquelle l'opinion continuait à repousser les indications de l'expérience : Les contradictions qu'on y remarque signalent très-bien l'embarras que donnait aux rapporteurs, la contradiction flagrante qui existait entre l'idée fixe et le fait observé.

« D'après ces divers essais, il est constant que » les aciers fondus fabriqués en grand par » MM. Poncelet, sont, *à peu de chose près*, » égaux en qualité aux plus parfaits des fabriques » étrangères, et qu'avec quelques perfectionne- » ments que le dernier envoi paraît déjà présenter, » ces artistes parviendront bientôt à remporter » cette conquête sur les fabriques les plus renom- » mées....... Il est constant que si MM. Poncelet » avaient fabriqué leurs aciers avec des fontes ou » avec de *bons fers durs de Suède*; tels que ceux » de Roslagie que les Anglais emploient (et comme » ces fabricants l'ont fait eux-mêmes lorsqu'ils » ont présenté des aciers fondus au bureau con- » sultatif, qui, alors, furent trouvés d'une qua- » lité supérieure), ils en auraient aujourd'hui » obtenu de comparables aux meilleurs aciers » venant d'Angleterre.

» Il eût été sans doute possible à MM. Poncelet » de trouver des fers français analogues à ceux de

» Suède, parmi ceux proclamés dans le Rapport » du Jury national sur les produits de l'industrie » française, présentés à l'exposition de 1806. Mais » ces artistes, empressés de répondre à la de- » mande du ministre, et de prouver que la France » pouvait se passer de secours étrangers pour les » aciers fondus, satisfaits d'ailleurs, à beaucoup » d'égards, des aciers cémentés qu'ils avaient pré- » parés avec les fers du département de l'Aude et » de celui de la Roër, n'ont pas pris le temps né- » cessaire pour en essayer beaucoup d'autres qui » auraient été peut-être plus avantageux. »

Une note jointe à ce rapport, rappelle que des expériences faites depuis peu de temps, avaient prouvé la qualité supérieure et la propension aciéreuse des fers indigènes : on y trouve par exemple les assertions suivantes :

» Des essais (faits en 1801 par ordre du pre- » mier consul), ont prouvé que plusieurs forges » françaises avaient donné des fers doux et mous » qui ne le cédaient en rien aux meilleurs de » cette qualité venant de Suède..... Lors de l'ex- » position de 1806, il a été constaté que sept » départements avaient fourni des aciers excel- » lents....... A l'égard des fers, seize départements » en ont offert de qualité supérieure, dont plu- » sieurs étaient comparables, pour la dureté jointe » à la qualité, aux fers de Suède les plus propres » à faire des aciers : on remarquait particuliè- » rement ceux des forges de Clavières (Indre), » de Fraisans, Rans, Dampierre et Bruyère (Jura), » de Bèze (Côte-d'or), de Rambervilliers (Vosges), » et sans doute il en existe dans beaucoup d'autres » départements. »

Il ne paraît pas que l'aciérie de Liége se soit développée dans la direction que lui imposait l'opinion publique, ni que ses procédés aient été appliqués dans les départements que la France a conservés en 1815. La fabrication de l'acier fondu resta étrangère à la France, jusqu'au moment où les aciéries de cémentation de la Loire, introduisant pour la première fois sur notre territoire les habitudes de travail propres au Yorkshire, commencèrent à employer en grand le fer de Suède. Les seuls aciers fondus, fabriqués en France qui jusqu'à ce jour aient lutté avec succès contre les aciers supérieurs d'Angleterre, ont été fabriqués dans le département de la Loire, avec des fers de Suède. Cette industrie n'a pris un véritable essor que depuis 1838. En 1844, sur une production totale de 18.602 q. m., le seul département de la Loire a livré 16.127 q. m. La décroissance des importations d'aciers fondus anglais date de 1840, et coïncide exactement avec le développement des aciéries de la Loire.

Essais pour fabriquer l'acier fondu avec la fonte de fer.

L'exposé que je viens de présenter des tentatives faites en France depuis un siècle et demi, pour fabriquer l'acier avec des matières indigènes, resterait incomplet si je ne mentionnais ici une autre classe de recherches qui a donné lieu à de nombreuses déceptions. Les personnes qui ont étudié, dans les forges, la fabrication de l'acier naturel, ont dû être frappées de cette circonstance que l'opération métallurgique où la fonte de fer est convertie en acier, ne produit que du fer ordinaire si les mêmes manipulations sont prolongées plus longtemps. La pratique des affineurs apprend également qu'on accélère la conversion de la fonte en acier, en ajoutant du fer forgé au bain de fonte en élaboration dans le feu d'affinerie. Ces faits, malgré les opinions théoriques qui ont régné successivement, ont dû toujours suggérer la pensée que l'acier est un certain état du fer intermédiaire entre la fonte et le fer forgé, et qu'il y aurait espoir de produire de l'acier en ajoutant, à la fonte en fusion, une dose convenable de fer.

Dès 1722, Réaumur annonça que l'on pouvait préparer une sorte d'acier en mettant ainsi en présence la fonte et le fer malléable : il donna dans son ouvrage quelques détails sur cette expérience, en rappelant qu'elle avait été faite antérieurement par Vanoccio. Il n'indiqua point alors formellement qu'on pouvait fabriquer l'acier de cette manière; mais il paraît que cette méthode fut la base du l'un des secrets qu'il essaya, quelques années plus tard, d'appliquer à l'industrie dans la fabrique d'*acier fondu* établie à Cosne, sous sa direction. Beaucoup de personnes ont tenté depuis cette époque de convertir, d'après ce principe et dans des conditions industrielles, la fonte en acier : elles ont constamment échoué, comme l'avait fait Réaumur.

Vers la fin du dernier siècle, la mémorable découverte de Monge, Vandermonde et Berthollet vint ramener dans cette direction les efforts des industriels et des savants : lorsqu'en effet il eut été établi que la fonte est essentiellement composée de fer et de quelques centièmes de carbone, tandis que l'acier n'est que du fer combiné avec un ou deux millièmes de ce même corps, on se trouva naturellement conduit à tenter de fabriquer directement l'acier fondu, en traitant la fonte par une substance oxydante capable d'en séparer toute la proportion de carbone qui n'est pas nécessaire à la constitution de l'acier. On peut dire que cette donnée scientifique a été soumise depuis le commencement de ce siècle à une expérience en quelque sorte permanente; et pour ma part, depuis que je me suis voué à l'étude de la métallurgie, j'ai eu occasion de suivre, tant en France que dans les pays étrangers, les résultats de vingt tentatives de ce genre. On composerait une très-longue liste du seul énoncé des brevets d'invention relatifs à de telles méthodes, des rapports favorables et des distinctions honorifiques auxquels ces inventions ont donné lieu. Au moment même où j'écrivais ces lignes, un habile propriétaire de forges venait m'entretenir d'un procédé nouveau fondé sur le même principe et dont les résultats semblent offrir les plus flatteuses espérances. Plusieurs de ces méthodes m'ont d'abord vivement intéressé : préoccupé depuis longtemps de l'infériorité flagrante des aciéries françaises (1), abusé comme les auteurs mêmes de ces entreprises par les premiers résultats qu'on y avait obtenus, je pensai d'abord que c'était dans cette voie que la France pouvait espérer de balancer la supériorité que certains minerais donnent aux pays étrangers. Mais les mécomptes multipliés que j'ai constatés depuis quinze ans, et les désastres qui ont frappé toutes les entreprises industrielles fondées sur de telles méthodes, ont forcément rectifié mon opinion. L'histoire de toutes ces tentatives se résume invariablement dans les faits suivants. Les produits des premiers essais soumis à l'examen des meilleurs ouvriers en acier donnent

(1) Observations sur le mouvement commercial des principales substances minérales entre la France et les pays étrangers, etc... *Ann. des Min.*, 3e série, tome II, page 514, année 1832.

toujours les espérances les plus flatteuses; souvent le produit est égal, sinon supérieur, aux meilleurs aciers étrangers; tout au plus signale-t-on, dans quelques-uns, de légères imperfections qui semblent inhérentes à un travail exécuté sur une petite échelle, et que de plus grands moyens d'action doivent inévitablement corriger. Mais aussitôt que sur ces indications on commence à opérer en grand, cette heureuse perspective s'évanouit; on voit surgir une foule de difficultés jusqu'alors inaperçues : les produits fabriqués perdent toute régularité, et l'on n'y trouve plus que par exception les qualités indispensables aux consommateurs. En vain veut-on remédier à cette irrégularité en opérant sur de plus grandes masses; chaque jour, au contraire, les objets de rebut deviennent plus nombreux, et chaque jour aussi les chances de succès deviennent moins probables. Je le répète, je ne connais pas une seule tentative ayant pour objet de fabriquer directement l'acier fondu avec la fonte de fer, qui n'ait présenté ces phases successives : les seuls inventeurs que cette direction de travaux n'a point ruinés, sont ceux qui ont su s'y arrêter assez tôt.

Beaucoup de savants et d'industriels ont tenté de fabriquer l'acier en prenant d'autres principes pour point de départ de leurs recherches; mais celles-ci, après avoir fait naître les plus brillantes espérances, ont toujours eu pour résultat définitif une déception. Je citerai, par exemple, les belles expériences faites par Clouet, en 1797, et le rapport que deux illustres savants rédigèrent à ce sujet pour l'Institut national. J'engage les personnes qui veulent s'éclairer sur les difficultés de ces questions, sur le degré de confiance que méritent les expériences officielles, alors même qu'elles sont confiées aux hommes les plus habiles et les plus consciencieux, à lire les divers jugements auxquels a donné lieu la découverte de Clouet; je me bornerai ici à reproduire quelques passages du préambule et de la conclusion du rapport que j'ai particulièrement signalé.

« Depuis que les recherches de Réaumur avaient » éclairé la pratique de la fabrication de l'acier...., » la théorie de la conversion du fer en acier n'é- » tait pas plus avancée, malgré les belles et nom- » breuses expérieuses de Bergmann, de Rinman, » de Priestley, etc. .... Il n'y a pas plus de douze » ans que l'on sait bien certainement que c'est le » carbone qui..... constitue le fer en état de fonte » grise, de fonte blanche et d'acier.... Cependant » les Anglais, qui nous avaient longtemps fourni » l'acier de cémentation (1), restaient encore en » possession de fabriquer exclusivement pour » toute l'Europe, une troisième espèce d'acier » connue sous le nom d'*acier fondu*, dont l'in- » vention ne remonte pas au delà de 1750.

» ..... Ce n'est pas que l'on ait méconnu l'avan- » tage de la naturaliser parmi nous; sous l'ancien » régime, le gouvernement a plusieurs fois ac- » cordé des encouragements à ceux qui lui en » faisaient concevoir l'espérance. Jars nous avait » donné, dans son Voyage métallurgique, la ma- » nière dont cette opération se pratiquait à Shef- » field, à la réserve de la composition du flux,

(1) Ceci s'écrivait à l'époque où l'on se flattait que les nombreuses aciéries de cementation, élevées par le gouvernement de la république, avaient enfin soustrait, sous ce rapport, la France à la dépendance de l'Angleterre.

» dont on faisait un secret; une foule d'expériences » avaient mis sur la voie de le découvrir; il est » peu de chimistes qui n'aient obtenu dans leurs » fourneaux des culots de 5 à 6 décagrammes » d'acier parfaitement fondu; nous pourrions » citer à ce sujet nos propres observations.....; » s'il est vrai de dire qu'il y a loin de ces expé- » riences de laboratoire à un procédé susceptible » d'être introduit tout de suite avec avantage dans » des ateliers de fabrication, quelques-unes faites » plus en grand ne donnaient guères plus d'espé- » rances de succès..... Aussi voyons-nous, dans » l'Avis sur la fabrication de l'acier, rédigé et pu- » blié..... en exécution d'un arrêté du comité de » salut public, que les citoyens Vandermonde, » Monge et Berthollet, bien instruits des tenta- » tives qui avaient pu être faites sur ce sujet, ... » déclarent qu'ils ne peuvent présenter que des » conjectures sur la manière de donner à l'acier » fondu une dureté extraordinaire et un grain » parfaitement uniforme dans toute la masse.....

» Tel était l'état de nos connaissances et de nos » pratiques industrielles sur cet objet lorsque le » citoyen Clouet a repris les expériences dont il » s'était déjà occupé, et a exécuté plus en grand, » à la maison du Conservatoire et de l'École des » mines, la fusion des diverses espèces d'acier et » la conversion immédiate du fer en acier fondu.

. . . .

» D'après ces réflexions et les faits exposés dans » ce rapport, nous concluons ..... que par les » travaux du citoyen Clouet, les procédés de ce » nouvel art se trouvent déjà déterminés de ma- » nière à ne laisser aucun doute sur leur réussite » dans une grande fabrication; que l'acier qui

» en provient, forgé en barres, a tous les carac-
» tères extérieurs et les qualités intrinsèques de
» l'acier fondu anglais des fabriques de *Huntzman*
» et *Marschall* (1); qu'il peut servir aux mêmes
» usages, et être introduit en concurrence dans le
» commerce, sans craindre qu'on puisse en faire
» quelque distinction à son désavantage; qu'il
» est à désirer, pour assurer et accélérer les fruits
» de cette découverte, que le gouvernement se
» détermine à ordonner la fabrication de quinze
» à vingt myriagrammes de cet acier, dont la va-
» leur, au prix actuel, serait à peu près l'équivalent
» de la dépense; qu'en confiant au citoyen Clouet la

(1) On lit dans un autre rapport officiel que les aciers fondus d'Angleterre, marqués *Huntsman* et *Marschall*, se fabriquent avec des mélanges complexes de fontes et de fer; cette assertion est une erreur. Les fabricants anglais, qui depuis un siècle ont fondé sur l'elaboration des fers de Suède la réputation universelle dont jouissent ces deux marques se garderaient bien de compromettre, par de telles pratiques, la fortune qui s'attache à leur nom. Ces maisons sont au nombre de celles que je signalais ci-dessus, § 1er, page 12, et qui depuis l'origine de la fabrication n'ont jamais employé, pour ces marques spéciales, d'autres fers que ceux de Danemora. Tous les fabricants de Sheffield peuvent sans doute fabriquer avec les mêmes fers, et au besoin avec les mêmes ouvriers, des aciers de qualité absolument identique; mais ceux-ci ne se placeraient pas tout d'abord au même prix, et ce n'est que justice. Tel est le resultat de l admirable régularité des fers de Danemora, et en même temps de la longue probité industrielle des fabricants suédois et anglais. L'acheteur qui, en l'absence de tout moyen de contrôle, paye sans hésiter l'acier *Huntsman* plus cher que toutes les autres sortes, ne cède point, comme on l'a dit injustement, à un aveugle esprit de routine; il rend l'hommage le plus logique et le mieux mérité à toutes les qualités matérielles et morales que cette marque garantit depuis un siècle.

» conduite des premières fontes, il aurait une ga-
» rantie de plus du succès; enfin, que dans tous les
» cas, la communication libre et sans réserve que le
» citoyen Clouet vient de faire de cette découverte,
» lui acquiert des droits à la reconnaissance de ses
» concitoyens et aux récompenses nationales. »

La découverte dont on portait un tel jugement ne conduisit cependant à aucun résultat, et depuis lors il n'en a plus été question.

L'aciérie de la Bérardière (Loire), créée sous l'influence des tarifs de la restauration, dans le but spécial de fabriquer des aciers fins avec des matières indigènes, parut d'abord obtenir de brillants succès. En 1818, une médaille d'or lui fut accordée par la Société d'encouragement; en 1819, un rapport officiel rédigé, comme tant d'autres, à la suite d'expériences qui semblaient démontrer la haute qualité de ses produits, présentait les conclusions suivantes :

« D'après ces faits, il est constant que nos
» aciéries, avec nos excellents minerais de fer,
» préparés dans nos forges, raffinés dans nos fa-
» briques, sont en état de fournir.... toutes les va-
» riétés d'acier dont nous avons besoin, et même
» quelques-unes supérieures à celles que nous rece-
» vons de l'étranger : il y a lieu d'espérer que, si le
» gouvernement continue à protéger la fabrica-
» tion des aciers et les manufactures qui sont éta-
» blies d'après la confiance que leur donnaient des
» tarifs sanctionnés pour les droits d'entrée sur les
» aciers étrangers, nous pourrons bientôt mettre
» le commerce en état de verser au dehors non-
» seulement des objets fabriqués avec nos aciers,
» mais encore des aciers divers non fabriqués. »

Plus d'un quart de siècle s'est écoulé depuis

l'époque où des hommes éminemment consciencieux croyaient pouvoir fonder de telles espérances sur les aciéries françaises alimentées par des matières exclusivement indigènes; cependant aujourd'hui comme alors, les usines placées dans ces conditions n'exportent rien dans les pays étrangers; aucune d'elles ne pourrait même subsister si une réduction considérable était faite dans le tarif qui les protége. L'entreprise dont le rapport fait l'éloge n'ayant pu se soutenir, l'emplacement qu'elle occupait est devenu la propriété de l'habile fabricant qui a importé en France les méthodes de travail du Yorkshire : n'y a-t-il pas un haut enseignement dans cette force des choses qui a substitué à une usine élevée dans le but de démontrer la supériorité des aciers exclusivement indigènes, l'usine de France qui fabrique aujourd'hui avec les fers du Nord nos meilleurs aciers; la seule qui jusqu'à ce jour ait lutté commercialement, sur le marché français, contre les aciéries anglaises?

Vers 1820, MM. Faraday et Stodart, à la suite de l'analyse qu'ils avaient faite du Wootz ou acier fondu de l'Inde, furent conduits à développer, par une longue suite d'expériences, l'idée que l'on pouvait fabriquer d'excellents aciers fondus en alliant au fer une faible quantité de divers métaux. Pendant plusieurs années, des recherches, fondées sur la même idée, furent entreprises dans toutes les parties de l'Europe. En France particulièrement, plusieurs industriels se livrèrent dans cette direction scientifique à des travaux remarquables : l'un d'eux répondant à l'appel de la Société d'encouragement, fit avec les fonds de cette société plus de trois cents expériences sur les alliages du fer avec la plupart des métaux.

Beaucoup d'alliages préparés en petit de cette manière, et essayés par les meilleurs fabricants d'objets d'acier, furent jugés d'excellente qualité.

Un rapport adressé en 1821 à la Société d'encouragement, signale les heureux résultats obtenus dans cette voie par quatre savants ou artistes français. Il annonce que les aciers nouvellement découverts paraissent devoir obtenir le plus grand succès dans les arts. Cependant toutes ces recherches qui se continuèrent jusqu'à l'année 1824, ne conduisirent à aucun résultat manufacturier; et depuis ce temps, l'on a rarement renouvelé les tentatives ayant pour objet la fabrication des aciers d'alliage. Les personnes qui voudront s'éclairer sur l'étendue des illusions, que l'on persistait à entretenir touchant la valeur des assertions de Réaumur, et les causes de la supériorité des aciéries anglaises, devront lire toutes les publications qui ont été faites dans cette période de l'histoire de nos aciéries.

A la même époque, la Société d'encouragement accorda une médaille d'or à un habile fabricant d'aciers, dont les produits ouvrés jouissaient d'une certaine réputation, et qui semblait offrir toutes les garanties du succès. Cet artiste préparait lui-même, dans une fabrique située près de Paris, des aciers fondus qu'il mettait en œuvre, et le rapport, d'après lequel cette distinction honorifique fut accordée, crut pouvoir affirmer qu'il y avait, dans le procédé nouveau, perfectionnement de tous les travaux antérieurs, et amélioration importante pour la fabrication et le travail de l'acier. Vingt ans plus tard environ, le même inventeur n'en était encore qu'aux essais. Je fus chargé avec plusieurs collègues de constater la valeur d'un procédé à l'aide duquel, moyennant une préparation chimique tenue secrète, l'auteur prétendait convertir directement les plus mauvaises fontes en aciers fondus de qualité supérieure. On nous montra à cette occasion des objets ouvrés dont la qualité nous parût être excellente; mais nous n'avons point encore appris que ces essais aient conduit à un procédé manufacturier.

Il me semble peu utile de développer davantage l'histoire des tentatives faites en France dans le but de fabriquer, avec des matières exclusivement indigènes, des aciers de qualité supérieure. J'aurais à reproduire invariablement, pour chaque cas, les mêmes circonstances : la réussite des premiers essais; la ruine des entreprises fondées sur les rapports officiels et sur les distinctions honorifiques accordées aux inventeurs. Les détails qui précèdent me paraissent suffire pour mettre au besoin le lecteur sur la voie d'études plus approfondies.

Causes des mécomptes dus aux essais relatifs à la fabrication de l'acier.

Après avoir constaté tous les mécomptes dont je n'ai rapporté ici que le moindre nombre, j'ai souvent cherché à m'expliquer pourquoi tant de personnes, au lieu d'employer les moyens assurés de succès fournis par l'expérience anglaise, persistent à suivre, sans nouveaux moyens d'action, la voie où tant d'autres ont échoué avant eux. Cette persistance ne s'explique pas seulement par l'importance qui s'attache à la fabrication des aciers supérieurs; elle tient surtout à d'autres motifs. Au premier rang de ceux-ci je trouve les indications d'une science erronée, ignorante des faits, qui, en proposant comme facile l'un des problèmes les plus épineux de la métallurgie, jette encore chaque jour dans la voie des expériences beaucoup de personnes qui ne sont point à la hauteur d'une semblable tâche. Je m'explique encore la persévérance imprudente des inventeurs par l'abus qui a été fait depuis un siècle et demi des expériences officielles, des rapports louangeurs et des distinctions honorifiques. On ne peut sans doute qu'applaudir aux sentiments honorables qui ont motivé ces encouragements; tous ceux qui ont été dans le cas de porter un jugement sur la valeur réelle d'une invention, savent combien il est naturel de céder à l'intérêt qu'excite un artiste dévoué à son œuvre et qui, pendant toute sa vie, a lutté contre des difficultés supérieures à ses forces. Il n'en est pas moins vrai toutefois que l'émission prématurée de ces encouragements est chose regrettable. Les éloges officiels ne peuvent prévaloir contre la force des choses : si donc l'invention n'a point d'avenir, ils nuisent à l'inventeur même en prolongeant ses illusions; ils nuisent surtout à l'industrie en appelant plus tard d'autres personnes dans une voie que l'expérience doit condamner. Ces réflexions ne s'appliquent pas seulement à l'industrie de l'acier, elles m'ont été suggérées également par nombre de rapports officiels relatifs à d'autres branches de la métallurgie. Ces études me conduisent à penser que les institutions scientifiques et industrielles, qui, en jugeant la valeur des nouvelles méthodes de travail, rendent journellement de si grands services à l'industrie, pourraient accroître considérablement, par un moyen très-simple, l'utilité de leur intervention. Je proposerais que chaque recueil périodique où s'impriment les rapports relatifs aux inventions récentes, fût complété à l'avenir par un second recueil, dans lequel, à dix ans de distance par exemple, on constaterait l'état récent des inventions précédemment recommandées à la reconnaissance publique. Le premier volume de ce recueil complémentaire, rédigé une première fois et à grands traits, pour les quarante premières années de ce siècle, porterait, j'en suis convaincu, un haut enseignement à la fois pour la science et pour l'industrie.

L'histoire des aciéries françaises se résume en définitive dans les propositions suivantes : jusqu'à ce jour on n'a pu trouver dans le sol du royaume la matière première de la fabrication des aciers fins. Les mécomptes qu'ont éprouvés pendant un siècle et demi toutes les usines qui se sont établies en France, tiennent essentiellement aux opinions erronées propagées par Réaumur et entretenues par des expériences officielles, touchant la propension aciéreuse des fers indigènes. Les succès réels qui ont été récemment obtenus en France, c'est-à-dire les seuls qui puissent un jour se maintenir dans les conditions d'une libre concurrence, sont dus à l'adoption pure et simple des moyens d'action sur lesquels, depuis deux siècles, est fondée la prospérité des aciéries anglaises, savoir : l'élaboration des fers à acier du Nord et particulièrement des meilleures marques de Suède.

Résumé sur l'histoire des aciéries françaises.

§ III. DES QUESTIONS QUE SOULÈVE LE TARIF IMPOSÉ EN FRANCE A L'ENTRÉE DES FERS A ACIER DU NORD DE L'EUROPE.

Les fers du Nord employés comme matière première par les aciéries françaises, doivent acquitter, à leur entrée en France, un droit de douane qui, selon la dimension des barres, varie de 18f,15 à 45f,32 par 100 kilogrammes. Cette

Tarif actuel : situation des consommateurs de fer.

charge pèse sur la fabrication de l'acier comme sur toutes les autres industries qui élaborent le fer, et si les autres données premières de ces industries étaient également identiques, il n'y aurait point lieu de réclamer ici une exception au tarif.

Les industries qui élaborent le fer pour une destination autre que la conversion en acier, trouvent généralement en France la qualité de fer qui leur convient le mieux : souvent elles payent cette qualité 100 p. o/o plus cher qu'elles ne l'eussent fait dans le système commercial qui a prévalu, en France, depuis le règne de Louis XIV jusqu'à la fin de l'empire; elles se trouvent, par cela même, restreintes dans leur essor; et leurs produits, bien qu'ayant toute la qualité désirable, ne peuvent, en raison de leur haut prix, se placer sur les marchés étrangers. Mais, aux réclamations que suscite cet état de choses, les partisans du régime créé par la restauration répliquent par des raisons très-plausibles. A un point de vue élevé d'intérêt public, les inconvénients qui pèsent sur les consommateurs de fer brut sont compensés par les avantages attribués aux producteurs de ce métal; les consommateurs de fers ouvrés sont pourvus d'objets aussi bons que ceux que pourrait fournir le commerce étranger, et si le prix qu'ils en doivent donner est considérable, ils trouvent presque toujours une certaine compensation dans le tarif même qui protége l'ensemble du travail national. Les inconvénients que ne rachète pas le tarif, et par exemple, la difficulté de lutter sur les marchés neutres contre le commerce étranger, ces inconvénients, dit-on, ne sont que temporaires. La France possède toutes les conditions premières d'une fabrication de fer à bon marché : il ne s'agit que d'apprendre à en tirer parti ; avec de la patience on regagnera l'avance que d'autres nations ont su prendre sur nous : avec le temps, la France obtiendra le fer à aussi bas prix que les autres nations industrielles : elle aura à la fois les avantages qu'elle peut attendre de la préparation des fers ouvrés, et ceux qui dérivent de la préparation de la matière première.

Situation de consommateurs de fers à acier et d'objets d'acier.

Si les usines qui convertissent le fer en acier et les consommateurs d'objets d'acier étaient placées dans les mêmes conditions, je n'aurais, pour ma part, élevé aucune objection contre le tarif actuel : et si l'on peut démontrer qu'il en est ainsi, je m'empresserai de reconnaître l'erreur dans laquelle je suis tombé.

L'opinion que j'ai émise en 1843 est basée sur deux faits matériels constatés par l'ensemble de mes études sur la métallurgie de l'acier, savoir : que pour fabriquer, par voie de cémentation, des aciers de qualité supérieure, il est nécessaire et il suffit d'employer certains fers du nord de l'Europe ; que la France n'a jamais produit ces sortes de fer. Si ces faits sont inexacts, mon opinion se trouve aussitôt condamnée : s'ils sont reconnus vrais, aucune des raisons sur lesquelles on motive la conservation du tarif des fers ne peut se soutenir, en ce qui concerne les aciéries de cémentation.

Les raisons qui motivent le tarif des *fers* ne s'appliquent pas aux *fers à acier*.

En effet, il n'y a plus balance, au point de vue de l'intérêt général, entre l'avantage attribué aux forges qui produisent le fer brut et les charges imposées aux aciéries : les forges ne profitent que pour ce qu'elles vendent réellement aux aciéries ; mais celles-ci, qui payent des droits élevés sur les fers qu'elles sont obligées de tirer des pays étrangers, sont grevées, en pure perte pour le travail national, d'une charge qui ne profite à aucune autre branche d'industrie. On peut, sans doute, (voir § Ier, p. 4) produire de l'acier avec tous les fers : on pourrait même, en haussant encore le tarif, interdire de fait l'entrée des fers étrangers; mais ce système, à quelque degré qu'on l'applique, ne prouve nullement la qualité aciéreuse des fers indigènes. Il conduit nos usines à produire des aciers inférieurs dont la proportion croît en raison de la quantité de fer indigène qu'elles sont forcées de consommer. Les consommateurs d'aciers bruts et d'objets d'acier ne sont donc plus, eu égard à la qualité des produits, dans les mêmes conditions que les autres consommateurs de fers ouvrés; ils supportent à la fois les charges qui résultent du haut prix des objets, et les inconvénients souvent plus graves qui tiennent à leur mauvaise qualité. L'ouvrier français qui paye cher de mauvais outils, est dans des conditions doublement désavantageuses devant l'ouvrier anglais qui se procure, à bas prix, des outils d'excellente qualité : son infériorité résulte à la fois du plus haut prix de l'outillage, et des pertes de temps qu'entraine forcément l'emploi d'outils défectueux. Si l'infériorité des fers à acier indigènes tient à des conditions que, jusqu'à ce jour, il n'a point été donné à l'homme de modifier, on ne peut vraisemblablement attendre du temps ni de la patience des consommateurs l'amélioration du régime actuel. En supposant que les fers à acier indigènes puissent tomber un jour au même prix que ceux du Nord; et que l'industrie française réussisse à les élaborer sous toutes formes, aussi bien et à un prix aussi modéré que le peut faire l'industrie étrangère, le producteur et le consommateur d'aciers exclusivement indigènes, en raison de l'insuffisance de la matière première, ne s'en trouveront pas moins placés dans des conditions très-défavorables. Je ne puis mieux caractériser le genre d'infériorité qui pèsera toujours sur le plus habile fabricant d'acier opérant sur des fers défectueux, qu'en comparant celui-ci à un orfèvre qui prétendrait arriver, au moyen des métaux communs, aux mêmes résultats que ses confrères obtiennent avec les métaux précieux. Au point de vue de l'industrie, comme au point de vue de la science, les fers supérieurs de Suède diffèrent, à beaucoup d'égards, de tous les autres fers connus, autant que les métaux précieux diffèrent des métaux usuels (1). Un tel état de choses

(1) Ainsi que je l'ai déjà indiqué (voir § Ier, p. 6), c'est par suite d'une donnée technique complétement erronée que les meilleurs *fers à acier* de la Suède ont été jusqu'à ce jour classés par le tarif, sous la dénomination de *fers* : la science et l'industrie repoussent aujourd'hui cette assimilation. Si le progrès de la science conduisait à prouver que la qualité spéciale des fers de Danemora est due à la présence d'un principe particulier que la nature n'aurait déposé que dans ce gîte célèbre, on devrait très-logiquement, au point de vue du système protecteur, exempter de tout droit d'entrée une matière éminemment utile à l'industrie et qui n'existerait pas dans le sol du royaume. Cependant une telle découverte n'ajouterait rien à la force du fait scientifique et commercial, que j'ai mis en lumière ; quelle que soit la cause de la qualité des fers suédois, l'aptitude spéciale de ceux-ci est dorénavant constatée : les avantages que peut assurer à l'industrie d'un grand peuple l'élaboration de ces fers sont mis en évidence par l'exemple des aciéries et des fabriques anglaises, puisque celles-ci trouvent, dans une matière première valant environ 9 millions de francs, le point de départ d'une production

ne donne donc aux forges qui produisent le fer que de médiocres avantages; à beaucoup d'égards il empêche, sans profit pour aucune autre branche d'industrie, l'essor de nos aciéries; il grève, sans compensation pour l'industrie française, tous les travaux fondés sur l'emploi des outils d'acier, c'est-à-dire, les sources même de l'activité nationale. Dans ce siècle de concurrence industrielle, ce régime ne profite donc réellement qu'à l'industrie étrangère qui y trouve, en général, des éléments de supériorité; il offre principalement un avantage décidé aux aciéries et aux fabriques d'objets d'acier d'Angleterre et d'Allemagne, qui fournissent aux marchés neutres et à la France même, une foule de produits que nous pourrions fabriquer chez nous avec les fers à acier du Nord.

Ainsi, au point de vue des partisans les plus exclusifs du système protecteur, le tarif des fers, en ce qui concerne l'approvisionnement des aciéries de cémentation, ne peut être maintenu si les faits que j'ai signalés sont exacts; et pour motiver logiquement le maintien de ce qui existe, il faudrait prouver l'inexactitude de ces faits.

Argumentation opposée au principe de la réduction du tarif.

L'auteur d'une brochure (1) qui vient d'être récemment opposée à mon mémoire de 1843 n'a pas cru devoir suivre cette marche. Il se garde de contester d'une manière directe les faits qui selon moi

---

dont la valeur excède certainement 120 millions. Ces considérations permettent donc d'affirmer qu'il y a lacune et inconséquence dans le tarif actuel.

(1) Extrait d'un rapport de M. J. François, ingénieur des mines, à M. le ministre de l'agriculture et du commerce, sur la question d'importation des fers au bois du Nord de l'Europe. — Moulins, 14 décembre 1845.

motivent la modification du tarif : l'argumentation qu'il adopte consiste à passer sous silence celle qui m'est propre, et à indiquer le plan que j'aurais dû suivre pour le convaincre. Selon lui, avant de proposer une modification au tarif, je devais d'abord démontrer qu'il ne nous serait pas possible de fabriquer un jour, en France, d'une manière économique, des fers à acier de qualité supérieure. Cette preuve n'ayant pas été produite, mon travail devrait être considéré comme non avenu, et il en serait de même de toute l'argumentation des deux honorables membres qui ont traité la question, dans le même sens, devant les deux chambres législatives. Dans ce système, on refuse donc de s'enquérir du passé : on veut que le débat porte essentiellement sur les faits qui se rattachent à l'avenir.

Je n'hésite pas à fournir de nouveaux arguments à la thèse qu'on vient soutenir, en déclarant que je ne puis la discuter : il ne me paraît pas, en effet, qu'il en puisse résulter aucune utilité pour la question qui préoccupe en ce moment l'attention publique. Je n'affirme ou ne conteste que lorsque je me crois en mesure de prouver : je ne me crois donc pas en droit de porter un jugement sur la conviction intime qui conduit l'auteur de la brochure que j'ai citée, a apprécier à sa manière l'avenir des forges françaises. Assurément, les études que j'ai faites sur le passé des aciéries françaises, les renseignements que je me suis procurés sur l'insuccès des tentatives faites depuis deux siècles par les Suédois, les Anglais et les Américains, pour créer de nouvelles sources de fer à acier, me conduisent à entrevoir cet avenir tout autrement

Cette argumentation est fondée sur des convictions et non sur des faits.

que lui. Toutefois, ces présomptions, ces convictions restent subordonnées aux éventualités imprévues que peuvent réserver à l'avenir le génie de l'homme et les volontés de la Providence. Je sais d'ailleurs que les convictions qui concernent l'avenir ne sont des arguments que pour ceux qui les partagent : c'est donc à dessein que dans mon premier mémoire, je me suis abstenu de traiter les questions que l'on soulève, et le travail qu'on vient opposer au mien ne fait que me démontrer la convenance de cette réserve. En basant la conclusion que l'on conteste sur un fait qui me paraît résumer avec une rigueur inattaquable l'expérience de deux siècles, je me suis proposé surtout de convaincre les personnes qui cherchent, dans des faits bien avérés, les motifs de leurs opinions ; je me suis moins préoccupé de l'assentiment des personnes qui préfèrent demander des inspirations à l'avenir. En résumé, je crois inutile de quitter le terrain des faits et de la réalité pour suivre l'auteur de la brochure dans le domaine des convictions et des hypothèses ; je maintiens que le passé offre tous les motifs d'une conclusion raisonnée, et que mon travail, non plus que l'argumentation des deux honorables membres du Parlement qui ont traité cette question, ne peuvent être atteints par la critique qui leur est adressée.

Réfutation des motifs tirés de l'expérience.

Si l'on s'était contenté d'opposer des convictions aux faits que j'ai avancés, je n'aurais eu ici qu'à exprimer le vœu que les espérances qu'on a émises puissent se réaliser. Mais aux assertions principalement fondées sur une conviction personnelle, on ajoute incidemment des motifs tirés de l'expérience du passé. Ces motifs, s'ils n'étaient réfutés, pourraient égarer l'opinion des personnes qui se préoccupent des faits : ils se prêtent par leur nature même à une discussion raisonnée ; je puis donc en apprécier la valeur.

Les motifs que l'auteur de la brochure emprunte à l'expérience du passé pour avancer que les forges françaises pourront produire un jour des fers à acier de qualité supérieure, se rattachent surtout aux études qu'il a faites en qualité d'ingénieur des mines pendant une longue résidence dans les Pyrénées. Il signale à plusieurs reprises, et en se tenant dans des généralités qui ne donnent guère prise à la discussion, les arguments que ces études lui paraissent fournir à la thèse qu'il soutient. Le seul fait explicite sur lequel il s'appuie est consigné dans le passage suivant :

« Je me suis souvent assuré, et des recherches » faites récemment aux forges de Quillan (Aude) » le confirment, qu'au prix actuel des charbons, » de 6 f. à 6 f. 50 par 100 kilog., on pouvait fa- » briquer à 45 f. des fers homogènes à cassure » grenue ou lamellaire, ayant les caractères exté- » rieurs que M. Le Play assigne aux fers recher- » chés dans le Yorkshire, pour la fabrication des » aciers supérieurs. On y arrive facilement soit par » la fonte soutenue et égale de minerais hématites » de choix, préalablement grillés ; soit par addi- » tion de fondants manganésés ; soit aussi par le » traitement de mélanges de minerai hydroxydé » de Rancié, et de l'oxydule magnétique de » Puymorens. Ce dernier moyen, que j'ai expéri- » menté sur des masses, a donné des produits re- » connus supérieurs, soit comme d'emploi immé- » diat, soit surtout comme fer propre à la cémen- » tation. »

Si l'auteur est en état de démontrer ce qu'il avance d'une manière aussi affirmative, il aura singulièrement nui à la thèse qu'il soutient, en plaçant cette assertion au milieu d'une argumentation qui ne lui donne point de relief, et surtout en oubliant d'en fournir la preuve.

Je n'admets pas en effet que l'on puisse trouver cette preuve dans l'assertion que les fers fabriqués à Quillan ont le caractère extérieur que j'assigne aux fers suédois supérieurs recherchés dans le Yorkshire. Ce caractère, qui ne peut être apprécié d'ailleurs qu'avec une connaissance approfondie de fers du Nord, est le moindre de ceux que j'ai assignés à ces fers : je ne leur ai reconnu qu'un caractère véritablement distinctif, c'est d'être cotés sur le marché de Sheffield à des prix qui ne varient, pour 100 kilog., qu'entre 69 et 87 fr., et qui, avec la surcharge du tarif, correspondraient, dans les aciéries françaises, aux limites de 87 et de 105 fr. Les personnes qui fabriquent le fer signalé à l'attention publique, doivent avoir quelque intérêt à constater que leurs produits jouissent de cette remarquable propriété, et on ne concevrait pas qu'elles différassent longtemps de s'éclairer sur ce point. Sans doute, on ne trouve pas encore en France les termes de comparaison que fournit l'élaboration des premières marques de Danemora ; mais ce serait déjà un grand point que de prouver que les fers de Quillan l'emportent sur les marques moyennes. Or, depuis l'année dernière, le fer de Danemora, coté à 69 fr. par 100 kilog. sur la place de Sheffield, commence à être employé dans une aciérie française, où le tarif en porte le prix à 87 fr. environ. D'un autre côté, ainsi qu'on le déclare expressément, le fer à acier supérieur fabriqué dans l'Aude revient au plus à 45 fr. les 100 kilog. : ce fer, s'il possède les qualités qu'on lui attribue, a donc en France un placement assuré. Si les masses de fer supérieur qui se fabriqueront par les moyens qu'on vient de découvrir ne pouvaient immédiatement être employées sur le marché intérieur que le tarif a malheureusement restreint jusqu'à ce jour, elles pourraient provisoirement trouver un placement fort avantageux à Sheffield, où les aciéries sont librement ouvertes aux fers supérieurs de toute origine.

Le fait que l'on signale incidemment tranchera donc, dès qu'il aura été constaté, la question en litige contrairement à mes conclusions; mais en ce moment ce n'est qu'une assertion qui ne peut être admise dans une discussion basée sur des faits avérés.

Réfutation des motifs tirés de travaux récents sur la métallurgie des Pyrénées.

Quant aux motifs non-explicitement désignes, que l'auteur de la brochure déduit de l'ensemble de ses travaux sur la métallurgie des Pyrénées, je ne pense pas qu'il y puisse trouver des arguments pour la thèse qu'il défend. Ces prétentions sont repoussées par des rapports officiels dont l'administration est saisie en ce moment, et qui constatent que, depuis 60 ans, l'art n'a point fait un pas dans les forges des Pyrénées. Il serait encore facile de refuter cet ordre de motifs par une analyse de l'ouvrage où l'auteur a consigné, en 1843, les résultats de ses travaux (1). S'il devenait nécessaire de porter la discussion sur ce point, je serais en mesure de prouver que ces travaux n'ont point eu d'autres résultats que toutes les expériences entre-

(1) Recherches sur le gisement et le traitement direct

prises en France depuis un siècle et demi ; qu'en conséquence ils conduisent à une conclusion tout opposée à celle qu'on en prétend tirer. Toutefois, étant en mesure de relever par des preuves plus simples et non moins décisives les illusions que l'on paraît entretenir à cet égard, je pense qu'il y a convenance à négliger une preuve qui n'est point indispensable à la rectification des faits. Je me bornerai donc à opposer aux motifs fondés sur des travaux métallurgiques poursuivis depuis 12 ans, deux arguments qui me paraissent sans réplique.

Le premier argument m'est fourni par la conclusion même de l'ouvrage que je viens de citer. A la suite d'un paragraphe où sont signalés les défauts des fers pyrénéens, et les moyens qu'il propose d'employer pour y apporter remède, l'auteur compare, dans les termes suivants, la qualité de ces fers et celle des fers du Nord :

« L'emploi bien entendu de ces moyens facili- » tera, je crois, le développement que la fabri- » cation des aciers cémentés pourra prendre avant » peu, par suite de la construction des chemins » de fer. Mais pour provoquer et maintenir un tel » résultat, il y a des efforts à faire, car nous som- » mes loin encore des qualités que donnent à la con- » sommation les fers du nord de l'Europe et de la » Sibérie. S'il ne nous est pas encore permis de » songer à rivaliser un jour avec les bonnes qua- » lités, du moins sommes-nous autorisé à penser » que bientôt il nous sera possible de lutter avec » les bonnes marques ordinaires. »

Ce jugement est exactement celui que j'émet-

des minerais de fer dans les Pyrenées, etc. ; par M. J. François, ingénieur des mines. Paris, 1843.

tais à la même époque, en le précisant davantage et en le motivant d'une manière rigoureuse sur une comparaison de la valeur commerciale des fers provenant des Pyrénées et du nord de l'Europe. En mettant sur la même ligne les fers de Suède et de Sibérie, l'auteur indique clairement qu'il fait abstraction des fers de Danemora, qui en effet sont au-dessus de toute comparaison, et dont le prix s'élève à Sheffield jusqu'à 35$^{liv.}$ par tonne ou à 87 fr. par 100 kil. En déclarant que les fers pyrénéens ne peuvent songer à rivaliser un jour avec les bonnes qualités de Suède et de Sibérie, l'auteur ne pouvait parler que des fers de troisième rang, cotés aujourd'hui à 18$^{liv.}$ 10$^{sh.}$ la tonne ou à 47 fr. les 100 kil., puisque le prix des fers de Sibérie ne dépasse pas cette limite; d'un autre côté, enfin, en émettant l'espoir qu'il sera bientôt possible aux fers pyrénéens de lutter contre les bonnes marques ordinaires, il ne peut faire allusion qu'aux meilleurs fers du Nord, importés pour certains usages spéciaux dans les ports de France, qui, en Angleterre, valent au plus 14^{liv} la tonne ou 36 fr. les 100 kil., et qui, venant après les fers à acier de cinquième rang, sont rarement employés pour la fabrication de l'acier. C'est précisément la place que les aciéries françaises, ainsi que je l'indiquais en 1843, assignaient alors, par leurs prix courants, aux fers pyrénéens. J'ai prouvé en effet, par la comparaison des prix courants de France et d'Angleterre, que les fers pyrénéens ne seraient payés en Angleterre que 34 fr. par les mêmes usines qui payent 87 fr. les meilleurs fers suédois; tandis qu'en France les aciéries, qui payeraient 107 fr. ces derniers fers, n'offrent que 46 fr. pour les fers des Pyrénées.

Je suis donc en droit de demander à l'auteur comment il concilie son opinion de 1845 avec celle de 1843; comment il peut maintenant se croire fondé à affirmer que la qualité des fers pyrénéens l'emportera bientôt sur celle des fers du Nord de première qualité, lorsqu'il y a deux ans il n'osait espérer qu'ils pussent jamais atteindre la qualité des fers de troisième rang?

Le second argument m'est encore fourni par la conclusion même de la brochure à laquelle je réponds et dans laquelle on réclame le secours du gouvernement, en vue d'améliorer par des expériences la qualité des fers pyrénéens. Si, comme on croit pouvoir maintenant l'affirmer, la chaîne des Pyrénées recèle, pour la fabrication des aciers supérieurs, des ressources inconnues à toutes les autres contrées, il paraîtra inexplicable à tout le monde que depuis plus de dix siècles, au cœur de l'Europe civilisée, on n'ait pu arriver aux résultats qui en moins de deux siècles ont été obtenus au milieu des forêts polaires de la Suède et de la Sibérie; on ne comprendra pas davantage qu'aujourd'hui l'industrie privée, à qui des travaux récents ont révélé de faciles moyens de succès, se montre impuissante à réaliser des améliorations auxquelles elle est si vivement intéressée. En venant dans de telles conditions réclamer l'assistance du gouvernement et des expériences officielles, on donne la mesure des espérances qui se peuvent fonder sur les résultats obtenus jusqu'à jour.

De simples convictions ne peuvent autoriser les assertions opposées à la réforme du tarif.

Je constate donc qu'il n'y a, dans la brochure à laquelle je réponds, aucun fait d'où l'on puisse conclure que la chaîne des Pyrénées doive produire à l'avenir, plus que par le passé, des fers à acier comparables à ceux des fers du Nord, qui depuis deux siècles assurent la supériorité des aciéries anglaises. La question reste donc exactement au point où elle se trouvait avant la publication de cette brochure, pour toutes les personnes qui se préoccupent des faits et non des convictions. Je ne conteste nullement, toutefois, l'autorité qu'on peut très-justement accorder aux convictions d'un homme spécial qui s'est livré pendant longtemps à l'étude des faits; mais je pense aussi que la personne qui revendique cette autorité en doit user avec une certaine réserve, et qu'elle n'y peut trouver de motifs suffisants pour affirmer que tout est mal dans le système que je recommande, que que tout est bien dans celui qu'elle préfère. Cette thèse excessive, que l'on défend sans se préoccuper des faits, conduit, par exemple, à émettre les assertions que je vais rapporter et qui se réfutent l'une l'autre par leur simple rapprochement.

Voulant d'abord démontrer que la France possède toutes les ressources nécessaires pour fabriquer, avec des matériaux indigènes, des aciers de qualité supérieure, qu'à cet égard elle n'a nullement besoin de recourir aux pays étrangers, et qu'au contraire elle leur fournira prochainement des qualités supérieures à celles qui sont connues jusqu'à ce jour, l'auteur de la brochure croit pouvoir présenter au public les assertions suivantes :

Dans le groupe des Pyrénées, « on traite directement des minerais spathiques, des mines » noires, des fers hydroxydés manganésifères qui » ne le cèdent en rien, sous le rapport de la richesse et de la pureté, aux meilleures variétés » exploitées dans les groupes à acier des Alpes et » du Rhin. Le seul gîte de Rancié (Ariége) pré-

» sente des ressources fort importantes en minerai
» d'une pureté soutenue jusqu'ici sans exemple.
. « .... » On connaît également..... les gise-
» ments de fer oxydulé de Puymorens, dont la ri-
» chesse et la pureté permettent de le rapprocher
» des minerais de qualité supérieure de la Suède...
« ... » On le voit, sous le rapport de la variété,
» de la richesse, de la pureté et de l'abondance des
» minerais, il est peu, s'il n'est peut-être pas, de
» groupe métallurgique aussi richement doté et
» qui permette de réaliser plus de progrès dans la
» fabrication, non-seulement des fers pour acier de
» cémentation de toutes qualités, mais aussi de
» fontes fines pour aciers de forge.
« ..... » On reproche à ces fers (les fers pyré-
» néens), l'inégalité de leur pâte, les cendrures
» et les pailles. Dans un travail spécial sur le trai-
» trement direct du fer, nous avons indiqué les
» moyens de parer entièrement à ces inconvé-
» nients...., aussi est-ce à tort que l'on a contesté
» au traitement direct la possibilité de réaliser la
» production économique des qualités supérieures..
» .... Je suis convaincu que nous arriverons ainsi
» facilement à la production économique et plus
» que suffisante des fers de qualités supérieures
» et variées pour la cémentation, aussi bien que
» pour l'agriculture, pour les machines, etc....
. » De notables progrès sont facilement réalisa-
» bles; ils nous conduiront à produire à bas prix
» de 32 à 36 fr. des qualités qui manquent à la
» France, et, je crois pouvoir l'avancer, des va-
» riétés supérieures de fer que ne donne peut-être
» aucun groupe métallurgique connu....
» On le voit, nous avons les moyens d'arriver
» dans de bonnes conditions, à l'équilibre entre la

» production et la consommation intérieure, sans » faire un appel aux pays étrangers. Nous pouvons, » je crois, aller au delà et prendre un jour une » part active au commerce d'exportation par la » fabrication d'outils d'acier pur, etc. »

Le tableau des ressources propres aux forges indigènes change tout à coup dès que l'on se préoccupe de signaler les inconvénients qu'entraînerait la modification du tarif, en ce qui concerne les fers à acier du Nord. Les forges au bois auxquelles, dans la thèse opposée, on assigne tant de motifs de supériorité, ne peuvent plus ici conserver même l'espoir de subsister . la suppression du tarif pour les seuls fers étrangers que réclament nos aciéries serait pour nos forges au bois un arrêt de mort; une simple réduction de ces droits leur serait funeste. La démonstration de ces assertions est surtout basée sur de longs calculs qui ne se prêtent point à l'analyse; ceux-ci d'ailleurs sont eux-mêmes fondés sur des chiffres qui,. se rapportant tous à un avenir inconnu, ne peuvent être admis dans une discussion sérieuse. Je me borne en conséquence à y renvoyer le lecteur, qui reconnaîtra aisément que l'on ne s'arrête pas plus dans cette direction d'idées qu'on ne l'avait fait dans la direction inverse.

Enfin, on n'accorde même pas que la modification du tarif aurait les avantages qui semblent devoir en résulter de la manière la plus immédiate; ainsi, le prix des fers du Nord ne baisserait pas sensiblement sur le marché français, parce que les fabricants étrangers dont les prétentions augmenteraient immédiatement, profiteraient presque exclusivement du changement effectué; le consommateur n'aurait pas les aciers à plus bas prix; de nouvelles aciéries ne s'élèveraient pas sur ceux de nos bassins houillers qui, comme ceux du Yorkshire, sont à proximité des ports les mieux placés pour recevoir à bas prix les fers du Nord, et, dans une bonne économie sociale, ce résultat n'est même pas désirable; les Anglais ne permettront pas à nos fabricants d'acheter les meilleurs fers suédois; la qualité de nos aciers ne gagnerait rien à la mesure proposée qui n'aurait d'autre résultat que de substituer de mauvais fers du Nord à nos mauvais fers indigènes, etc.

Les assertions opposées à la réforme du tarif sont elles-mêmes contradictoires.

Les personnes qui ont basé leur opinion et leurs propositions sur des faits qui résultent de l'expérience de deux siècles, ne sont-elles pas en droit de représenter à l'auteur que ses convictions l'entraînent trop loin et qu'il lui serait vraisemblablement difficile de concilier, avec les règles de la logique, ces trois séries d'assertions? Si un seul groupe de forges françaises est plus riche en minerais de fer à acier que tout autre groupe de l'Europe; s'il est facile d'y fabriquer à bas prix des qualités de fer supérieures à toutes celles qui sont produites dans les pays étrangers; comment une simple diminution du droit d'entrée sur les fers à acier du Nord pourrait-elle frapper toutes les forges au bois de la France qui, produisant 1.033.000 q.m., ne livrent à la consommation des aciéries que 25.500 q.m.; comment surtout pourrait-elle anéantir jusqu'aux forges qui, dans les groupes des Pyrénées, produisent les 77.527 q.m. de fers que le tarif continuera à protéger? Comment, en second lieu, cette même éventualité serait-elle à craindre, si les conséquences les plus probables de la mesure proposée, et, par exemple, une diminution notable dans le prix de la matière première des aciéries, ne doivent pas se réaliser?

La question reste dans l'état où elle était il y a un siecle.

J'ai démontré que l'on n'a point de faits à opposer à ceux qui ont motivé les propositions que M. Victor Lanjuinais et M. le lieutenant-général Despans-Cubières ont présentées aux deux chambres législatives, et que la plupart des assertions que l'on tire de convictions personnelles ne peuvent être utilement introduites dans le débat. J'en conclus qu'en proposant la réforme du tarif des fers à acier, j'ai pu, sans dénigrer les fers indigènes et sans encourir le reproche de précipitation, omettre les considérations dont se préoccupe l'auteur de la brochure; que nonobstant cette publication, la question reste exactement dans les termes que j'ai posés en 1843, comme on aurait pu le faire un siècle plus tôt. A cette occasion, je présenterai un simple rapprochement de faits aux personnes qui sont disposées à tirer enseignement des faits passés. Comme Gabriel Jars, et après un intervalle d'un siècle environ, j'ai eu mission d'étudier successivement, en Grande-Bretagne et dans le nord de l'Europe, la métallurgie du fer et de l'acier. Sur tous les points qui servent de base à la question en litige, j'ai constaté exactement les mêmes faits que ce savant métallurgiste avait lui-même observés. Seulement ces faits avaient acquis une nouvelle importance, un nouveau relief: les fers de Danemora, dont la supériorité, par rapport aux autres fers à acier, se mesurait alors par un excédant de valeur de 15 pour 100, l'emportent aujourd'hui de 100 pour 100 sur tous les fers connus; les aciéries anglaises qui commençaient seulement leur lutte contre les aciéries allemandes, n'ont plus de rivales aujourd'hui sur tous les marchés neutres, pour les produits que recherche particulièrement l'industrie moderne. Cependant la même opposition qui s'éleva contre les faits observés par Jars, ou plutôt contre l'application de leur conséquence logique, vient de se reproduire contre les conclusions naturelles de mes propres observations. Aujourd'hui, comme il y a un siècle, cette opposition se fonde, non sur des faits, mais sur des convictions : et cela est si évident que l'ingénieur qui combat, aujourd'hui, l'une des conclusions de mon mémoire de 1843, constatait, à la même époque, comme je le faisais moi-même, l'infériorité flagrante des fers indigènes, c'est-à-dire, le fait fondamental sur lequel cette conclusion est fondée. Le parapraphe que j'ai rapporté précédemment (page 166), motive lui-même logiquement, comme le fait mon propre mémoire, la modification du tarif des fers à acier.

Si depuis 1843, l'industrie indigène, stimulée tout à coup par les propositions adressées aux chambres, était déjà parvenue, comme on l'affirme, à se placer au premier rang dans une carrière où pendant un siècle et demi elle n'avait pas fait un pas, tout le monde assurément applaudirait à ce résultat imprévu; mais personne, je l'espère, ne serait disposé à y trouver, contre l'opportunité de mon premier mémoire, une sorte d'argument rétroactif. Je serais fondé à représenter que la vérité proclamée par deux honorables membres du parlement et par moi-même, aurait été plus utile que toutes les louanges officielles, et que nous aurions quelque droit de réclamer une part dans cette brillante conclusion de l'histoire de nos aciéries.

Motif à opposer à la réforme immédiate du tarif.

Je me suis proposé dans ce mémoire de répondre aux critiques qui m'ont été directement adressées, et de rectifier plusieurs faits essentiels qui avaient été dénaturés. Je ne pense pas qu'il convienne d'aller au delà : sur tous les points qu'il n'était pas indispensable de traiter, je crois devoir garder la même réserve qu'en 1843. Un fait technique et un fait commercial que j'ai signalés dans mon premier mémoire, dominent de très-haut toute cette question : nonobstant quelques protestations partielles et indirectes que je crois avoir réfutées, ces faits restent entièrement acquis à la discussion : ils me paraissent logiquement motiver la proposition en litige, pour toutes les personnes qui ne veulent pas que les grands intérêts restent subordonnés aux petits ; qui s'inquiètent plus des opinions basées sur une expérience de deux siècles que des convictions intimes relatives à l'avenir. A un point de vue moins élevé, on peut sans doute se préoccuper d'intérêts fort respectables, et soulever sans s'écarter du sujet, une multitude de questions secondaires ; mais je ne crois pas devoir les aborder ici. On ne traitera jamais par écrit toutes les questions qui se rattachent à une modification du tarif. Dans de telles discussions, il faut toujours s'adresser à la raison et non aux convictions : il faut donc fournir la preuve de toutes les assertions qu'on avance, et tout écrivain qui veut être fidèle à ce système sent bientôt la nécessité de borner le sujet qu'il embrasse. Tout mémoire où l'on aura la prétention de traiter toutes les questions sera parfaitement inutile, car procédant forcément par assertions, il ne prouvera rien et ne persuadera par conséquent que ceux qui sont déjà convaincus.

D'ailleurs, au point où la question est parvenue aujourd'hui, et en présence des faits exposés dans ce mémoire, les adversaires de la réforme du tarif nuiraient, ce me semble, à la thèse qu'ils soutiennent en insistant plus longtemps sur les objections secondaires qu'ils ont soulevées. Celles-ci en effet devraient forcément tomber si l'on renonçait à l'espoir de trouver dans le sol du royaume les premiers éléments de la fabrication des aciers fins. Les défenseurs du tarif actuel doivent donc s'attacher surtout à démontrer qu'il y a espoir fondé de fabriquer avec des minerais indigènes des fers à acier de qualité supérieure. C'est seulement sur ce terrain qu'ils peuvent obtenir le concours et les sympathies des personnes ayant mission de faire prévaloir l'intérêt public. Mais pour atteindre ce résultat, il faut renoncer à ces vagues promesses de progrès que dément l'expérience acquise jusqu'à ce jour, et présenter enfin un plan rationnel d'améliorations, conforme aux indications de la métallurgie, et aux ressources connues du territoire. Tant qu'un pareil projet, appuyé des moyens d'exécution, n'aura point été produit, on sera en droit de soutenir que le régime actuel sacrifie à une éventualité très-incertaine, les avantages assurés que fournirait la réforme immédiate du tarif.

Ecueils à éviter dans le système des expériences officielles.

Si les personnes qui ont qualité pour diriger cette grave question croyaient trouver, dans les assertions émises jusqu'à ce jour, des motifs suffisants pour maintenir le tarif et pour rentrer immédiatement dans la voie des expériences officielles, j'oserais leur conseiller de se mettre en garde contre les déceptions qui se sont succédé sans interruption depuis un siècle et demi. Le passé peut, ce me semble, signaler les écueils qu'il faut éviter à l'avenir. Si l'on ne prend quelques précautions pour soumettre les faits observés à une vérification concluante et rigoureuse, les personnes chargées de diriger les expériences retomberont infailliblement, même avec la meilleure foi du monde, dans des illusions dont le temps doit enfin avoir fait justice, et qu'il serait puéril d'admettre à l'avenir comme des faits avérés; on verra produire encore des fragments de barres, quelques outils qui seront essayés avec solennité à la satisfaction des assistants, et qu'on présentera comme pièces de conviction aux administrations et aux autorités; chaque année ces prétendus succès feront naître de nouvelles expériences; chaque année aussi de nouveaux progrès seront constatés : mais cette petite industrie officielle restera sans résultat pour la grande et sérieuse industrie; tout au plus profitera-t-elle aux expérimentateurs qui y trouveront temporairement une facile renommée, et aux intérêts qui croient devoir désirer l'immobilité des tarifs. On ne peut donc raisonnablement reprendre le système des expériences officielles sans offrir quelques garanties à l'intérêt public.

Le succès des expériences n'est ni infaillible, ni même facile.

Je recommanderais en premier lieu de ne pas commencer ces tentatives avec la conviction que le succès en est à la fois infaillible et facile. L'histoire des deux derniers siècles prouve que la fabrication des fers à acier de qualité supérieure est un problème très-épineux : elle conseille par conséquent d'assurer aux personnes qui seront chargées de cette mission, de larges allocations d'argent et le temps nécessaire pour que les résultats se puissent produire. Sous ce rapport, les personnes qui affirment aujourd'hui que la réussite des essais est assurée, qu'elle est presque obtenue, me semblent compromettre beaucoup la cause qu'elles défendent, dans le cas même où elles ne se feraient pas illusion sur le résultat définitif.

Deux propositions, à ma connaissance, ont été présentées au gouvernement : l'une, consignée dans la brochure dont il a été question précédemment, concerne l'amélioration de la qualité des fers pyrénéens; l'autre, relative aux mines de fer récemment découvertes en Algérie, est consignée dans un rapport qui a été dernièrement communiqué par M. le ministre de la guerre à M. le ministre des travaux publics.

Expériences sur les forges catalanes.

J'ai prouvé que les assertions émises touchant l'avenir brillant réservé aux mines de fer de la chaîne des Pyrénées, ne se peuvent appuyer sur aucun fait emprunté à l'expérience du passé; qu'elles n'ont en définitive pour base que des convictions intimes dont je ne veux en rien contester la valeur, mais qui, à la rigueur, pourraient n'être que des illusions. Je rappelle que rien ne confirme l'efficacité attribuée aux études et aux recherches poursuivies depuis douze ans sur la métallurgie des Pyrénées; que, sur tous les faits essentiels, l'art y est resté jusqu'à ce jour exactement au point où il avait été porté il y a soixante ans. Si donc on se décide à entreprendre des expériences dans le but de fabriquer, dans les Pyrénées, des fers égaux en qualité ou supérieurs aux meilleurs fers de Suède, il me paraît prudent de n'admettre qu'avec une certaine réserve les convictions qu'on a récemment émises; de tenir compte plutôt de l'opinion qu'on publiait sur ce point en 1843; d'agir enfin comme si le problème était fort difficile, et de déterminer en conséquence les moyens d'action à fournir aux personnes qui seront chargées de le résoudre.

Expériences sur les minerais de fer de l'Algérie.

Le rapport relatif aux mines de l'Algérie constate que de riches et puissantes mines de fer oxydulé magnétique existent à proximité de divers points du littoral; que plusieurs de ces gîtes sont également situés dans le voisinage d'abondantes forêts; qu'il y existe en un mot tous les éléments d'une importante fabrication de fer. Je ne connais point les localités; je n'ai aucune raison de douter de ces faits : je les tiens donc pour avérés. Mais ce rapport, en se fondant sur des analyses chimiques et sur des rapprochements minéralogiques, croit pouvoir établir qu'il y a *identité* entre les minerais algériens et les meilleurs minerais suédois, et qu'en conséquence il est certain que l'Algérie peut fournir au commerce des fers à acier égaux en qualité aux meilleurs fers de Suède. L'affirmation est si précise, le fait de l'identité absolue des minerais est si bien admis comme un axiome, que l'auteur ne croit devoir soulever contre la certitude du succès, qu'un seul doute qu'il écarte immédiatement : il remarque que la nature des bois qui fourniront le charbon nécessaire au traitement métallurgique est le seul point par lequel les forges de l'Algérie différeront des forges suédoises qui produisent le fer à acier. Pour tous les points secondaires de la question, je laisse au lecteur le soin d'apprécier la justesse de l'assimilation faite entre l'Algérie et la Suède. Je me bornerai sur le fait principal, celui de l'identité des minerais, à présenter les doutes que suggèrent les faits exposés dans le premier paragraphe de ce mémoire.

L'identité signalée entre les minerais suédois et algériens est une hypothèse sans fondement.

Les métallurgistes les plus distingués, les chimistes les plus éminents, ont vainement tenté en Suède de constater la cause qui donne à certains minerais une aptitude si prononcée pour la fabrication du fer à acier; je ne sache pas que l'on ait été plus heureux dans d'autres contrées : c'est donc gratuitement qu'on est venu déduire de l'analyse chimique l'assertion que les minerais de l'Algérie pourraient produire du fer à acier. La plupart des minerais de fer à acier du Nord sont, à la vérité, essentiellement composés de fer oxydulé magnétique; mais on ne doit nullement en conclure que la propriété aciéreuse résulte de la combinaison chimique qui constitue cette espèce minérale : toutes les analogies, toutes les indications de la métallurgie se réunissent au contraire pour motiver la conclusion opposée. Le nombre des gîtes de fer oxydulé avec lesquels on a tenté depuis un siècle surtout, en Suède, en Norwége, dans l'Amérique du Nord, dans l'Inde, etc., de fabriquer du fer à acier, est beaucoup plus grand que le nombre des gîtes qui se montrent propres à cette fabrication dans le nord de l'Europe : ce seul fait restreindrait singulièrement la probabilité de l'identité que l'on signale. Si l'on considère d'ailleurs que la propension aciéreuse n'est réellement prononcée que dans une huitaine de gîtes de la chaîne scandinave et dans deux gîtes de l'Oural, on peut très-bien soupçonner que la qualité aciéreuse résulte d'une cause générale qui s'est manifestée çà et là lors de la formation des dépôts ferreux de ces chaînes métallifères, et non d'une cause qui serait intimement liée à la production des minerais oxydulés magnétiques. Les minerais de fer composés d'hydroxyde de fer, de fer oligiste et de fer carbonaté spathique, qui possèdent, dans l'Oural et en Scandinavie, la propriété aciéreuse à un degré remarquable, motivent cette manière de voir; et si ces gîtes semblent faire exception parmi les mines de fer à acier, c'est que leurs espèces minérales constituantes ne se présentent elles-mêmes qu'exceptionnellement dans ces chaînes métallifères. Enfin, pour faire apprécier l'étendue des espérances que l'on peut fonder *à priori* sur la possession de minerais magnétiques qui n'ont point encore été éprouvés, j'ajouterai qu'en Suède même, dans les régions où le sol est littéralement criblé de gîtes de minerais magnétiques, la propriété aciéreuse ne se manifeste que très-rarement et çà et là, au milieu de minerais qui en sont dépourvus; que nulle part la distribution, pour ainsi dire capricieuse, de cette qualité n'est plus frappante que dans la mine même de Danemora. Là, sur un espace de quelques hectares, avec toutes les conditions d'identité que peuvent donner la même origine, la même composition minéralogique, et jusqu'à la contiguïté des masses de minerai, une expérience de deux siècles a mis en évidence des différences de qualité tellement prononcées, que la valeur des fers fabriqués avec les diverses portions de ces masses varie en Yorkshire entre 50 et 87 fr.

L'étude des faits autorise donc à représenter que les assertions émises au sujet de la haute qualité aciéreuse des minerais de l'Algérie n'ont point de base sérieuse. Il n'est pas certain, tant s'en faut, que les minerais de l'Algérie puissent donner des fers à acier égaux aux meilleurs fers de Suède : toute assertion de ce genre est donc regrettable, car elle doit égarer l'opinion publique et nuire à la vérité qu'il importe de mettre en lumière. Le résultat qu'on a annoncé si affirmativement est sans doute possible, et l'on peut, par conséquent, y accorder une sérieuse attention ; mais les faits connus jusqu'à ce jour autorisent à affirmer qu'il est peu probable.

. . . .

Direction à donner aux expériences qu'on propose d'entreprendre.

J'ai dû repousser les exagérations à l'aide desquelles on prétend garantir le succès des expériences proposées; mais, ainsi que je l'ai déjà dit, je n'ai rien à objecter contre le principe même de ces recherches. Des essais métallurgiques judicieusement exécutés offriraient un véritable intérêt; et s'ils ne sacrifiaient pas à un avenir éventuel, les avantages certains que la réforme du tarif assurerait immédiatement aux aciéries françaises, ils obtiendraient l'assentiment général. Si, par exemple, après avoir placé ces aciéries dans des conditions normales de développement, on poursuivait les expériences au moyen de fonds fournis par le trésor public, il n'y aurait à tous égards que des avantages à en attendre. Au reste, quelles que soient les conditions dans lesquelles les expériences seront entreprises, il conviendrait de ne les point borner aux minerais des Pyrénées et de l'Algérie : il faudrait comprendre dans ce système de recherches, les minerais qui fournissent depuis un temps immémorial des fers classés au premier rang sous le rapport de la malléabilité. C'est surtout en multipliant les chances qu'on pourrait se flatter de tirer profit du nouveau temps d'épreuve imposé aux aciéries indigènes, et de produire quelques-unes de ces nombreuses variétés de fer que réclame une vaste fabrication d'acier. Convenablement dirigées, et poursuivies avec persévérance, ces expériences auraient certainement une haute utilité scientifique; il y a lieu d'espérer qu'elles fourniraient aussi quelques résultats pratiques; qu'elles conduiraient au moins à fabriquer, comme on le fait en Angleterre, ces qualités de fer remarquables par leur pureté que les aciéries emploient avec succès principalement pour la fabrication des ressorts de voiture, des limes communes, etc.

Contrôle à établir sur les résultats des expériences.

Le second point sur lequel je crois devoir particulièrement insister, est la convenance de soumettre à une épreuve véritablement concluante les fers qui résulteront des expériences officielles : or, à cet égard, je ne connais d'autre moyen que de réaliser, dans les conditions commerciales, les faits qu'on veut constater. Il ne peut plus être permis aujourd'hui de s'exposer aux déceptions dont les expériences de Réaumur, de Grignon, de Nicolas, de Duhamel, etc., ont été l'occasion. Il faut que les fers à essayer soient élaborés en grand dans des aciéries dont le travail régulier sera fondé en partie sur l'emploi des meilleurs fers de Suède, afin que les nouveaux produits soient réellement comparés aux types les plus parfaits que l'on connaisse jusqu'à ce jour. La valeur du résultat se mesurera par le prix que les aciéries offriront pour le fer qu'elles auront essayé.

Libre admission des fers coloniaux.

Deux conditions indispensables doivent être remplies pour que ces épreuves conduisent sûrement aux résultats qu'on en doit attendre. Il convient en premier lieu que les producteurs de fers à acier soient en communication facile et même dans une sorte de contact intime avec les fabricants d'acier; car ce sont les observations de ces derniers qui pourront le mieux contribuer à faire rectifier les défauts que les premiers essais mettraient en évidence. Il faut donc que le marché français soit librement ouvert à tous les fers de l'Algérie et des autres colonies. Les minerais coloniaux, n'ayant jamais été essayés, présentent évidemment plus de chances que ceux de la métropole, pour une découverte imprévue : à cet égard, on ne peut mieux faire que de suivre le système où l'Angleterre entrait dès le commencement du dernier siècle, ce qui revient, au reste, à reprendre les traditions de l'ancienne monarchie, de la révolution et de l'empire. La libre entrée de tous les fers coloniaux est le premier encouragement que l'on doive donner à la fabrication qu'on espère créer en Algérie, et l'on ne concevrait pas que les personnes qui veulent entrer dans la voie des expériences pussent faire à l'adoption de cette mesure la moindre objection. Quelque système qu'on adopte, au reste, à l'égard du tarif imposé à l'entrée des fers étrangers, je ne comprendrais pas que, dans l'état actuel de l'industrie métallurgique et du commerce des fers, on différât plus longtemps de compléter par cette réforme les actes d'administration publique qui ont récemment concédé des mines en Algérie.

Libre admission des fers à acier suédois, classés hors ligne dans le commerce.

Il faut en second lieu, pour que la comparaison soit exacte et féconde en résultats, que les aciéries où se feront les essais des nouveaux fers, soient largement pourvues de tous les types de fers à acier qui ont permis aux aciéries anglaises d'établir, par tout le monde, la suprématie de leurs produits. Or, jusqu'à ce jour, les aciéries de Sheffield présentent seules ces conditions : ce sont elles qui reçoivent exclusivement les marques qui se distinguent le plus par leur propension aciéreuse et par leur pureté ; c'est donc à Sheffield seulement qu'on pourrait faire constater maintenant la qualité réelle des fers que fourniront les expériences. On pourra, il est vrai, ne pas tout d'abord viser à de si hautes comparaisons, et se borner à rapprocher les premiers fers produits, des marques suédoises fort estimables qui commencent a pénétrer en France ; mais pour éviter de recourir plus tard à l'intervention des aciéries de Sheffield, il conviendrait d'assurer immédiatement aux aciéries françaises les moyens de concourir avec les fabricants anglais à l'achat des fers qui doivent être pris comme terme de comparaison. Il faut donc admettre immédiatement en franchise de droits les fers suédois qui, par leur propension aciéreuse et leur pureté, sont universellement regardés comme des types auxquels aucun autre fer connu ne saurait être égalé. Je ne présente ici cette mesure que comme la conséquence logique du système des expériences officielles. Comprenant la nécessité de borner ici mon travail, je passe sous silence les autres considérations qui, en tout état de choses, motivent ces deux modifications du tarif actuel.

Les fers que je proposerais d'admettre seuls en franchise de droits, jusqu'à ce que l'opinion fût fixée sur les résultats des expériences officielles, seraient les suivants :

1° Les fers de Danemora, qui, avec un haut degré de pureté, l'emportent sur tous les fers connus par leur propension aciéreuse, et qui valent à Sheffield de 50 a 87 fr. les 100 kilog. (Voir le tableau § Ier, page 18) et dont la production totale monte à . . . . q.m. 45.822

2° Les fers de Persberg, Langban et Arendal, qui, avec un haut degré de propension aciéreuse, l'emportent par leur pureté sur tous les fers connus : savoir, les fers de Bäckeforss, Lesjöforss, Næs et Laurwig qui valent à Sheffield, 45f,88 les 100 kilog., et dont la production totale annuelle monte à 18.315

Total. . . 64.137

Exemple des erreurs que peuvent entraîner les expériences officielles.

Avant de quitter ce sujet, je crois utile de rapporter un fait qui montre toute la gravité des erreurs que le gouvernement est exposé à commettre lorsqu'il adopte les résultats d'expériences officielles, sans les soumettre préalablement à un contrôle plus rigoureux que ne peut l'être la conviction des personnes chargées des expériences.

On lit le passage suivant, dans l'ouvrage relatif à la métallurgie des Pyrénées, que j'ai eu déjà occasion de citer (page 165).

« M. J.-M. Garrigou, fondateur des aciéries du » Basacle et du Saut-du-Tarn, a corroyé dans les » mêmes conditions de l'acier d'Allemagne et de » l'acier cémenté de l'Ariége. Le premier se dé- » carbura entièrement après 23 corroyages, tandis » que celui de l'Ariége en supporta 32. Cette ex- » périence bien constatée détermina, sur le rap- » port de M. Chaptal, augmentation dans les » droits d'importation des aciers allemands et an- » glais. »

Je commence par déclarer que je ne mets ici en doute la bonne foi de personne; mais j'affirme que l'expérience a été mal faite et qu'elle a conduit à une conclusion entièrement fausse. Il est sans doute extrêmement difficile, dans l'état actuel de nos connaissances, de porter un jugement complet sur les aciers des diverses origines, et en particulier sur les caractères distinctifs des aciers naturels et des aciers cémentés. Mais s'il y a un fait évident à établir dans une telle comparaison, c'est que les bons aciers naturels d'Allemagne l'emportent sur tous les aciers cémentés, par la persistance de la propriété aciéreuse sous l'influence d'une série de chaudes successives. J'affirme que toute expérience bien faite démontrera, sous ce rapport, la supériorité incontestable des aciers du Rhin et des Alpes sur tous les aciers cémentés connus, et par conséquent sur ceux des Pyrénées. Si donc le tarif actuel a été fixé dans les circonstances indiquées ci-dessus, je n'hésite pas à dire que cette grave mesure a été basée sur un fait matériellement faux.

Fixation d'une limite pour la durée des expériences.

La dernière garantie que je réclamerais enfin, dans l'intérêt public, si on se décide à adopter le système des expériences, aurait pour objet de fixer à l'avance, pour la durée des expériences, un délai assez long pour que les résultats puissent largement se développer, assez rapproché pour que le système des expériences ne soit pas le système de la prolongation indéfinie du tarif actuel. Chaque année, d'ailleurs, on devrait constater, avec toutes les précautions convenables en pareille matière, les résultats obtenus. Il ne faudrait pas oublier en effet que les producteurs et les consommateurs d'aciers bruts et d'objets d'acier supporteront en définitive la plus grande partie des charges imposées au pays par le régime des expériences ; et s'il devenait bientôt évident qu'il n'en doit rien résulter, l'opinion pourrait revenir en temps convenable au régime que je propose d'adopter immédiatement.

Direction à donner aux débats ultérieurs.

Les faits exposés dans ce mémoire et dans celui que j'ai publié en 1843, prouvent que les aciéries françaises ne peuvent se développer convenablement dans la situation qui leur a été faite par les lois de douane de la restauration. Ceux qui en poursuivant ce débat veulent surtout mettre fin à l'infériorité dans laquelle les aciéries françaises sont restées jusqu'à ce jour n'ont à choisir qu'entre deux systèmes : ils doivent, ou réformer immédiatement le tarif, ou mettre les adversaires de cette réforme en demeure de fabriquer avec des minerais indigènes des fers à acier de qualité supérieure. Chacun dans le choix du système à suivre obéira à ses convictions ou aux tendances de son esprit.

Les personnes qui se préoccupent de développer en France la fabrication de l'acier et qui veulent aller directement au but par les moyens qu'enseigne l'expérience de deux siècles, doivent réclamer la libre admission des fers destinés à la fabrication de l'acier, et de ceux qui pourront être produits dans les colonies françaises.

Les personnes qui considèrent surtout l'intérêt national très-évident qu'il y aurait à produire en France ou dans les colonies françaises des fers à acier de qualité supérieure, et qui ne veulent négliger aucune chance, quelque faible qu'elle soit, d'arriver à ce résultat, peuvent logiquement recommander le système des expériences officielles; mais pour être conséquentes avec elles-mêmes, il faut qu'elles réclament en même temps les garanties et les moyens de succès qui ont été précédemment signalés.

S'il existait une troisième classe de personnes qui repoussant, au nom de l'intérêt public, la libre admission des fers à acier, éviteraient une discussion loyale où cet intérêt pourrait être mis en évidence; qui, appuyant en apparence les savants convaincus de l'utilité des expériences, refuseraient de leur accorder de convenables moyens d'action, on serait fondé à dire que, pour ces personnes, le tarif actuel est une sorte d'arche sainte à laquelle il est interdit de toucher; et il serait à regretter, pour le progrès de cette polémique, qu'elles n'eussent ni la franchise de leur désir ni le courage de leur opinion.

RÉSUMÉ ANALYTIQUE.

Forges de Russie

FIN.